国际时尚设计丛书·服装

美国时装画教程：从创意到设计

（原书第 2 版）

［英］卡洛琳·泰瑟姆　　朱利安·西曼

［美］杰米·阿姆斯特朗　韦恩·阿姆斯特朗　　著

邹　游　译

中国纺织出版社

内 容 提 要

本书从如何寻找时装画的灵感来源讲起，讲授了针对不同时装风格、不同时装面料所采取的多种时装画表现技法。本书的最大亮点是，不仅仅有对基础技法的详细介绍，同时教授了如何让你的时装画作品更加完美——款式图设计、面料设计、版式设计。这些实用的经验可以使初学者在为企业设计时也能够得心应手。

本书既可以作为高等院校服装专业基础教材，也可以作为时装设计师及时装画爱好者的自学用书。

原文书名：Fashion Design Drawing Course: 2nd edition

原作者名：Caroline Tatham, Julian Seaman, Jemi Armstrong, Wynn Armstrong

Copyright © 2011 Quarto Inc.

著作权合同登记号：图字：01-2012-7436

图书在版编目（CIP）数据

美国时装画教程：从创意到设计：原书第 2 版 ／（英）卡洛琳·泰瑟姆等著；邹游译. -- 北京：中国纺织出版社，2016.12
（国际时尚设计丛书．服装）
书名原文：Fashion Design Drawing Course: 2nd edition
ISBN 978-7-5180-3070-5

Ⅰ．①美…　Ⅱ．① 卡…②邹…　Ⅲ．①时装—绘画技法—教材
Ⅳ．① TS941.28

中国版本图书馆 CIP 数据核字（2016）第 269942 号

策划编辑：孙成成　　责任编辑：杨　勇　　责任校对：寇晨晨
责任设计：何　建　　责任印制：王艳丽

中国纺织出版社出版发行
地址：北京市朝阳区百子湾东里 A407 号楼　邮政编码：100124
销售电话：010—67004422　传真：010—87155801
http://www.c-textilep.com
E-mail：faxing@c-textilep.com
中国纺织出版社天猫旗舰店
官方微博 http://weibo.com/2119887771
北京华联印刷有限公司印刷　各地新华书店经销
2016 年 12 月第 1 版第 1 次印刷
开本：710×1000　1/12　印张：13
字数：159 千字　定价：49.80 元

凡购本书，如有缺页、倒页、脱页，由本社图书营销中心调换

目录

前言

就本质而言，时装是一门永远处于变化当中的艺术。英国文学家奥斯卡·怀尔德（Oscar Wilde）就曾经说过："时装是一项如此丑陋不堪的形式，因此我们不得不每六个月就将时装来个大换血。"有趣的是，这份特质也成为时装发展的原动力，从过时的流行事物中总是能够滋生出新的时尚替代品，而这也成就了时装工业中那些充满浪漫和奇幻的时刻。

本书是为未来的时装设计精英和插画师而写的，但如果你是一个对时尚世界充满了好奇与兴趣的人——那么，它同样适合你。本书的内容与当下时装院校的课程设置保持一致，全书共设有27节，每一节介绍一项专业主题，通过循序渐进的学习，画出美轮美奂的时装画作品一定不再是梦想！你无需对那些时装界的大事件烂熟于心，也不必具备多高的绘画或者缝纫天赋，本书的宗旨就是揭开时装世界的神秘面纱，看看一个设计师是如何通过研究与拓展来系统性地展开创作的，并且在这一过程里面应当如何借助于绘画的技巧。在此，你所需要准备的只是一颗热情、进取的心以及属于自己的独特视角。

在第一章"寻找灵感"中，你将了解到时装设计并非深不可测，它只是简单地对一个灵感主题进行研究、探索和不断改造的过程。如果你以一名设计师的眼光去看待周围的事物，那么你将会发现灵感无处不在——博物馆、艺术画廊、海滩、城市街

▶ **捕捉人体动态**
将真实的人体动态引入到时装绘画里是为了生动地体现出成衣状态下的面料所具备的某种动势。

道，甚至是你再熟悉不过的家和花园——都可以为你提供创作的最初元素。这一章内容将帮助你学习如何确定、研究一个灵感主题，并且如何在此基础上展开设计工作，其中"创建情绪板"就是一个不错的办法。同时，我也会告诉你如何在设计理念之中融入自己的创作倾向，例如，可以将普通事物中某些看不见的局部进行放大表现，也可以将某幅绘画作品或某栋建筑中的图案和形状提炼出来，还可以把你所汲取的灵感应用于面料再造上——这样设计出来的时装一定备受瞩目。

一旦产生了很棒的设计理念，你就要想办法把它们表现出来。第二章"时装设计绘画"将会提升你关于时装绘画的自信心，其中重点内容有拼贴画以及运用多种媒介进行绘画的技巧。通常，学生总是认为应当尽早确立属于自己的绘画风格并将它一直坚持下去，针对这一常见的错误认识，本书鼓励大家尽可能多地尝试不同的表现手法——只要不断地拓宽边界，你就总能够拥有创作的新鲜感。诚然，并不是所有的尝试都行之有效，但是你必须具备面对失败的勇气——这也是重要的学习环节之一。

在本书的学习过程里，有一条自始至终必须贯穿于脑海中的原则：你所设计的时装最终必须转化成为实物并且能够为人们所穿着。因此，比例太过夸张而抽象的人体着装图是缺乏根据的，因为人们无法设想其真实的着装效果。第二章内容由此介绍了一套简单易学的方法，即便是那些没有经验的设计师也能够据此掌握时装画人体的关键所在。在这部分课程当中，你将学习到在日常的人物、服装写生练习里如何仔细地观察对象和磨炼自身的绘画技巧。除此之外，你还会学到怎样运用粗线条勾勒画面以及如何将你的创意充盈在每一幅画里面。

▶ *混合媒介*
在时装绘画里尝试用多种媒介进行表现将有助于表达你的设计意图。

◀ 文化底蕴
这件作品很好地将现代风格和巴厘岛的传统服饰文化融合在一起。

　　第三章"规划与设计"将会把你的设计活动放置于一个更为广阔的行业背景里进行探讨。要想成为一名成功的时装设计师，仅仅依靠一次性的花里胡哨的作品是无法立足的，你必须具备将自己的设计产品进行系列化的能力，并尽可能为消费者多提供一些产品选择。这一章将教会你如何完成作品摘要、如何掌控费用预算、季节性需求等因素以及如何针对目标客户开发产品系列（尽管你的私人口味或许和他们很不一样）。

　　第四章"展示你的创意"意在告诉你如何尽可能完美地将你的那些好点子介绍给同行、导师、老板和顾客。在展示自己的创意时，请切记清晰的概念是取胜的关键，如果连时装效果图都没有人能够看懂，那么再杰出超凡的想法也只能是沦为空谈。在这一章里，你将学习如何以充满形式感的画面来展现你的时装效果图，以及如何制作一块极具专业感的作品展示板，其中的内容涉及关于展示的各个方面——大到绘画的整体风格，小至画面中人体的姿态——它们都最终决定了你的想象力是否被表现得淋漓尽致。

　　通过对本书的学习，你将会掌握到时装设计绘画的要领，并且由此建立起作为职业时装设计师的自信心。你需要培养自己形成一个开放的思维模式和一双善于发现的眼睛，当投身于这项竞争激烈而回报也颇为丰厚的事业时，请你不要忘记体会创作所带来的愉快感觉——这才是作为设计师最应当重视的东西。

关于本书

依据目前时装专业院校的基本课程设置，本书以小节的形式将内容进行划分，每一小节都介绍了与时装绘画相关的一方面内容。同时，全书27节又被归纳在四章之下，由此，你可以按照"寻找灵感→时装设计绘画→规划与设计→展示你的创意"的逻辑顺序进行学习。贯穿于全书的"灵感笔记"将会有针对性地提供这一小节学习的背景知识。

小节

每个小节既有不同的探讨内容，也有全面的概括介绍。每个小节的主旨就是一个特殊挑战的项目。

灵感笔记

"灵感笔记"会周期性地出现在本书的各个章之中，以提供该章主题内容的知识背景。

图片提供了时装设计的灵感来源，旁边的图注则用文字说明具体是如何做到的。

主题内容和相关的项目会借助一系列的图像加以说明。

设计师的草图稿件反映出他们的创意究竟从何而来。

"自我审视"环节的提问将有助于你进行设计作品的自我评估。

绝大多数的小节篇幅都在4页左右。每个小节都包括了"目标"环节，即对于本小节学习目的的概括性论述。"自我审视"环节中所提出的问题可以引领学习者就学习成果进行客观的自我评估。

"学习步骤"将会一步一步引领学习者完成本课程的学习内容。

在紧随的页面上，会展示其他设计师就这一学习主题所采取的不同的处理方法。

审视你自己的作品

无论是正在攻读这门课程的在校学生，还是想通过本书自学的时尚爱好者，首先都应当对自己的作品进行一番审视。如果不能够客观地看待自己的作品，那么你将无法取得进步，正视自己所具备的才能以及明确需要改进的地方都是十分重要的。

当你开始艺术性的创作时，你或许会困惑，究竟从何入手才更好？奇怪的是，我经常看到学生们不是对于自己原本十分出色的想法报以过于严苛的态度，就是根本没有抓住其中的重点。依我所见，应不懈地追逐那些真正对你有用的事物，而尽量果断地摒弃掉那些对你来说无济于事的想法。一开始，你或许会深受导师或者其他什么人思想的左右，但是当你对自身和自己的设计有了足够的认识之后，你就会知道究竟该如何选择了。

在这本书里，你会被要求在完成每一个学习项目之后进行自我审视。不要对自己过于苛刻，而是切实地想一想你的设计是否解决了关键的问题。以下是一些能够帮助你进行自我审视的小方法。

● 许多设计过程也是一个进行自我修炼的过程，因此你必须如实地评判自己的作品。你应当无拘无束地开始工作并珍惜最初的想法（相比那些深思熟虑的概念而言它们通常更加生动有趣），但是你也必须清楚什么部分是应该被拒绝的。

● 将你的作品展示给家人和朋友并接受他们的意见。就算是最有经验的设计师也仍然需要来自他人的肯定和欣赏，哪怕是来自朋友一句不经意的评论，例如，"那个，我真画不出来"——也会鞭策你更上一层楼。

● 如果你感到身边的设计师或者同学的实力都比你强，千万不要丧失信心，最好的解决办法就是集中力量来找到属于你自己的独特风格。

● 尽量让自己多学。不要担心一开始的作品带有明显他人风格的痕迹。通过模仿，你才会发现如何才能够最好地应用各种技术。

● 不要担心尝试失败。一个优秀的设计师总是不断地拓宽自己的设计领域，只有经历了磨难和错误，真正的创意才会显现。一旦有所突破，要自我庆祝一番并且总结从中收获到了什么样的经验。

● 不要太沉溺于你最初设定的"成功"标准，因为事事变化无常。只要你掌握了其中的规律，有时离经叛道也会是一件充满乐趣的事情。

● 利用你的直觉来感受你已经完成的工作，并尝试不仅仅用眼睛来直观地判断这一切。有些人会喜欢你的作品，而另一些人或许会表现出憎恶——你所要做的就是忠实于自己的看法。

1 第一章　寻找灵感

　　人们总是好奇设计师的脑海中为何能够涌现如此之多的奇思妙想？
而事实的真相就是这些新奇的点子并非得益于崭新的事物，而是设计
师对周围世界的重新认识和改造。本章将告诉你如何尽可能地利用周
遭的一切作为灵感的来源，例如，你所在城市里的艺术品或建筑物，
印度文化，或者干脆是家里或花园里的那些让你再熟悉不过的事物。

★灵感可以取自于音乐、电影、艺术作品和文化事件所代表的某种时代精神。一个有思想的设计师在进行设计时会考虑到以上所有的方面。

★从以往的岁月中去挖掘灵感——潮流往往脱胎于旧的事物，但记住，一定要赋予它们新的感觉。

从何入手

创作过程最让人发憷的时刻恐怕就是当我们面对一张空白页面时，大脑同样一片空白。新入学的时装专业的学生经常犯的一个错误就是，他们所设计的系列作品常常让人看不出来是源自于同一个灵感事物——作品和作品之间缺乏内在的关联性。不管怎样，一旦你确立了一个设计主题，那么与之有关的事物就会源源不断地从你的笔下流出。

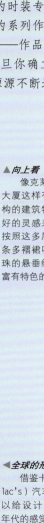

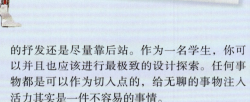

想为设计寻求灵感主题？可以说，它们无处不在——海滩上的贝壳，恢宏的摩天大楼，充满欢乐的集市，里约热内卢的狂欢节……如果你的研究工作进展得很好，那么你所选中的主题自然而然地就会融入到你的时装设计里，例如，一个关于马戏团或游乐场的主题总会带出一个多彩的、炫丽的作品系列。只要有了某种诉求，一切事物都有可能成为点亮创意的火花，而诀窍就在于要能够选择出一条最佳的路径去实现它。作为一名商业设计师，你从一开始就必须重视你的客户，而那些关于自我意识

▲ 向上看
像克莱斯勒(Chrysler)大厦这样有着优雅角度结构的建筑物是时装设计绝好的灵感来源。为什么不按照这多层建筑设计出一条多褶裙呢？或者是用钉珠的悬垂绑带来模仿那些富有特色的窗棂？

的抒发还是尽量靠后站。作为一名学生，你可以并且也应该进行最极致的设计探索。任何事物都是可以作为切入点的，给无聊的事物注入活力其实是一件不容易的事情。

一名设计师应当经常接触专业外的事物，例如，流行音乐、街头文化、电影、艺术活动等。没有那么多的巧合会令每一时装季的外观主题都清晰可辨，不同的时装设计师通常都会给出相似的色彩搭配和廓型（即总体的外轮廓线条），是因为他们全都深谙大致的流行方向（当然，如果设计师完全从一个异乎寻常的疯狂角度出发进行设计，同样也是能够呈现出精彩绝伦的时装作品）。

尽管时装产业有快速的更新能力，但是从过去的时光里探寻灵感来源依旧能够取得绝佳的效果。整个历史年代都可以成为灵感素材的宝库，不同历史时期的流行盛衰循环地再现。例如，今年，20世纪50年代风格是流行的风向标，可到了明年，没准儿就变成20世纪70年代风格一统天下的格局。时装的长短变化由此常常成为人们的笑柄，只因一些在当时看来无足轻重的事物却变成后人"不可或缺"的东西——就像阔荷叶边和低腰裤就是绝佳的例子。

结构感十足的运动装设计常常得益于对各种形象的模拟——试想一下橄榄球运动上衣和宽肩造型之间的联系。另外，自行车运动员所穿的莱卡服装引发了一个全新的时装概念（即

◀ 全球的形象
借鉴卡迪拉克(Cadillac's)汽车尾翼的造型可以给设计注入20世纪50年代的感觉（左图）。复活岛上的巨石阵（右图）也是一种形象，在一幅时装画中引用这些神秘的人物将会产生强烈的视觉冲击效果。

▲ ▶ **择优挑选理念**

一旦你已经悉心研究了灵感来源，你就可以挑选出那些最吸引你的部分来开展设计工作。你可以决定借鉴秘鲁盖丘亚（Quechua）族妇女服饰的多彩搭配、锯齿状图案以及多层重叠的穿着方式；也可以参照马戏团小丑的彩饰服装或装饰华丽的狂欢节盛装；抑或是对热带雨林里鸟儿和花朵的回忆——它们都可以成为你的灵感源泉。

色彩鲜艳的紧身衣），而同样的事情也发生在航海服上——由汤米·希尔费格（Tommy Hilfiger）品牌推出的合成防水面料服装受到了大众的追捧。

在设计师的心中，充满异域风格的图案和造型是经久不衰的灵感来源。这一季，他们或许会集中表现拉丁美洲印第安人的各种波纹图案；而下一年，他们就转而热衷于介绍某些非洲部落的印花纹样。

时装也通常从其他形式的艺术中攫取灵感来源。位于纽约的克莱斯勒大厦以其恢宏的装饰艺术风格造型、亮闪闪的反光外立面和高贵的对称性而成为绝好的艺术品杰出代表，它对于时装设计有着无限的启发性。好莱坞电影也可以是流行风潮的始发地；随着《了不起的盖茨比》（*The Great Gatsby*）和《疯狂的麦克斯》（*Mad Max*）系列电影的热映，20 世纪 20 年代

的轻佻女郎连衣裙以及混合了朋克和摇滚风格的"公路勇士"装扮分别又流行了起来。

可以说，你的探索之旅有着无限的可能性。你可以参观博物馆，也可以在一座城市中漫游，以边走边画或边走边拍摄的方式来寻找你的设计理念；你也可以从他人的绘画、雕塑、电影、摄影、书籍中汲取你所需要的灵感元素。此外，互联网也是一个巨大的信息宝库，你在家里或者学校里都可以方便地使用它。

让灵感元素行之有效的诀窍就是不要一次性地吸收太多。对你自己的研究要始终报以审慎的态度，有原则性地发展那些经过挑选的主题将会有助于你清晰设计范畴，从而集中推出一个产品系列。

▶ **运动式外形**
　　20 世纪 80 年代流行的宽肩造型似乎是借鉴了曲棍球和橄榄球运动员的服装。

第一节 从你的衣橱开始绘画

在空白的纸张上如何画下第一笔并非易事。一个值得推荐的方法是将那些已经存在的服装系列作为绘画的练习对象。用充满创意的方式来重新整合和制作这些物品——这将会是个不错的学习经历。

在时装效果图上反映出服装的功能性是至关重要的。一件单品的目的性和季节性要与画面风格和人物姿势相协调，这样才能够提高服装的吸引力。

无论选择的是雅趣的或是魅惑的表达方式，你都必须充分地展现出你的创作思想。好好研究一下怎样才能够把控住整个画面效果以及如何才能通过饰品和发型来更好地展现整体风格，同时，你也要确认自己的绘画是足够大胆的。自信一点，专注发展属于自己的独特风格吧！

自我审视

- 你已经为设计系列选好了最佳的服装种类了吗？
- 你是否已经将它们协调至最佳方案？
- 你找到展现它们的最佳媒介方式了吗？

项目

从你的衣橱里挑选出三套搭配齐全的服装，然后翻阅当下的时装杂志或浏览网页资讯，看看有哪些流行元素和想法是可以为你所用的。确信这些服装是可以被有效地融入你即将进行的创作，并且确保它们可以被轻松地描绘成一个系列。接下来，找到一个共同的主题，并且运用你收集到的所有物件来完成一个关联紧密的视觉表达及视觉联合的作品。

目标

- 更进一步地观察服装上的细节，直至对其熟悉为止。
- 集中思考尽可能多的不同风格和色彩的组合。
- 考虑如何才能最大限度地展现织物之美以及如

▲ 捕捉色彩
这里所选择的服装都是三原色和黑白两色的组合，这赋予了它们一种系列感。注意你衣橱里那些印花织物，它们可以在以后带给你灵感。

在衣橱中找到有图案的服装，它会为你带来灵感。

◀▶ 设计一个系列组合
精致的裁剪以及柔和而女性化的细节处理，使得这几套服装可以被合并成为一个完美的系列。基本的色彩及图案搭配也是它们能够被组合在一起的重要前提。用铅笔、墨水笔或马克笔迅速地勾勒出一些草图。

◄捕捉面料肌理
　　尝试着依据某些面料样品来临摹面料肌理（在这里是千鸟格纹和花呢纹）之后，更多的面料样品可以被创造出来——例如，你可以自己创建一款红色的千鸟格纹面料或蓝黄交织的花呢面料。这些快速的绘画练习使得设计实验的过程不再是无迹可寻的。接下来，你可以给来自于衣橱里的那些服装效果图赋予不同样式的面料方案。

何呈现一个统一的视觉形象。

过程
　　把衣服挂在自己的面前或者用相机拍下它们并打印成照片。把脑海中的主题用一些粗略的形体草图勾勒出来。用马克笔或者彩色铅笔创建出一个色彩搭配体系。

　　接下来，试着以某种统一的风格描绘出一个系列的服装。这个步骤可以通过整合你脑中的色彩、廓型、服饰搭配以及结构细节等元素来完成。

　　要快速地落笔以保证对作品有一种新鲜的、自然流露的感觉。胆子大一点，时装效果图就会显得笔锋流畅、栩栩如生。一直画，直到你自己满意为止。

◄▼记住细节
　　这些草图练习记录了服装的装饰细节。这里所展示的装饰手法有：褶皱、串珠的缘饰和对称状的系带。

另请参阅
● 别只使用铅笔，第80页。
● 用粗线条勾勒图案，第86页。
● 规划一个系列产品，第98页。

第二节 参观一座博物馆

对于在校生而言，博物馆有时也许是无趣和沉闷的代名词。但请先不要急于认可这样的观点，因为或许一件古董藏品可以成为一名设计师一辈子取之不竭的灵感宝藏。尽管借鉴或修改过去的想法对于时装设计而言并非唯一适合的方法，但这起码也是一个获取设计原材料的基本途径。你初到一座博物馆，建议你最好花费至少半天的时间来浏览一下展品的全貌，找出那些触动你灵感的物品。只有当你更进一步细致地观察一件物品的时候，其细节与微妙之处才会逐渐浮现，也只有当你拿起画笔将它描绘下来时，你才能够确信自己已经真正地观察到了它。接下来，你的速写簿将会提供数百个切入点以激发你描绘出一个产品系列的设计。要同时从大处和小处着手——也就是，你既需要观察事物的整体全貌，又需要掌握那些细微之处。尝试剪切、放大细节或将物体全貌进行缩小等处理手段。不要因为你正在从事的是时装设计的工作而限制自己对于服饰文物的观察。灵感之光或许会来自于陶器、雕塑、珠宝、书法，甚至只是来自于展览场所本身的环境气氛。

在参观一座博物馆时，你没有必要带上全套的作画工具。尽量在速写簿上大量地进行速写，以便你在回到家或者工作室之后进一步地找到创作的思路。

项目

参观一座博物馆，浏览里面的展品，直到你找到自己的兴趣所在。把你所感兴趣的物品用笔记标注和素描写生的方式记录下来。然后找到一个主题，设计出一个小规模的产品系列——它们都应当明显地反映出你的灵感来源。在家里或者工作室里完成四张完整的设计图稿。

目标

● 选择一个打动你的灵感来源。

◀ **过去的时尚**

参考过去的照片，捕捉有趣的服装、面料、配饰的灵感，这些色彩和形状的细节可以作为激发现代服装设计的灵感源泉。

● 落笔之前可进行判断和选择。

● 学习如何细致地观察一件物品。

● 创造性地修改过去的物件从而设计出有你自己独特风格的创意作品。

过程

你可以将本地的博物馆作为研究的对象或者参观国家收藏馆。在找到目标之前，至少要花费半天的时间来浏览展品。用几页速写簿的篇幅来进行彩笔标注、涂鸦和速写，记录下那些令你产生兴趣的

另请参阅

● 创建情绪板，第 28 页。

● 面料创新理念，第 48 页。

● 调色板，第 118 页。

自我审视

● 你是否花费足够的时间来选择你的灵感来源吗？

● 你是否仔细地观察了细节？

● 你是否注意到了整体的外观？

● 你的速写簿是否记录了有用的素材？

● 你的最终设计稿是否能够体现出你的灵感来源？

物品以及它们的细节。

　　然后选择一个合适的来源（即一个单独的目标或者少量的你能找到的灵感来源），从不同的视觉角度绘制至少十个速写练习：一部分立足于记录整体的轮廓形状，而另一部分则专注于对细节的描摹。

　　回到家或者工作室以后，你就可以开始进行提炼色彩板（具体内容见118页）以及探索形状可能性的工作了，你可以在画面上夸大一些线条和块面，或者是去掉那些不必要的部分。

　　认真思考速写簿里那些曾经引起你注意的灵感来源，看看那些线条、色彩、轮廓、团块、装饰以及肌理可以整合出什么样的时装设计效果，依此画出一些粗略的时装设计稿，并且填充色彩。最终，完成四张完整的设计画稿。

▶ ▼ 大胆改造

　　这些工作草图显示了速写稿和文字注释是如何被进行后续开发设计的。图中的扇子、纹样、珠宝和亚洲字体都可以成为现代创意的灵感来源。

第二节 参观一座博物馆

在结构示意图或工作草图上进行探索可以让时装设计师捕捉到一些目标细节——这些细节对于他们设想中的服装外观或产品系列都是至关重要的。一幅古老绘画作品里的那些醒目的颜色搭配、优美的形状和有趣的细节都可以成为一个很棒的服装设计理念的灵感来源。这里所展示的时装效果图是以"中国风"为主题的作品系列，既反映出了历史背景因素，也在此基础上形成了新的设计。无论是设计图还是结构图都和灵感来源的主要特性相互呼应。中国艺术风格的影响力使得这些效果图之间有着很强的共性和精巧性。

▲ 带来灵感的面料

除了用速写簿或者通过拍摄来记录下灵感来源之外，作为一个正在成长的设计师，你可以（并且应该）学会收集面料样板。大量的样板收集将会促使你的设计过程变得更加容易。

▼ ▶ 历史性的灵感

这款泡泡裙模仿了19世纪流行的彩绘广口瓷瓶的形状，犹如扇贝般的棱状结构也同样应用于领口和底边处。而灵感来源于宝塔的松糕鞋也可以被视作为日本女性传统木屐的现代版设计。

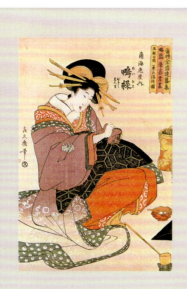

▶ 充满生机

即使画面是松散而抽象的，但它们仍然具有强有力的说明功能，能够传递出明显的流行趋势或者风格。这幅时装效果图用夺目的色彩描绘出了一个日本风格的形象。

▼**新和旧**

　　这些作品有机地将过去和现代融合在了一起，从而呈现出生动的效果。它们之所以风格清新，是因为成功地将中国艺术风格的灵感引入了当代设计的语境。这些插图所展现的诸如发型和配饰等充满现代气息的细节同样创造了令人兴奋的样式。

◄▼**一致的色彩**

　　经由研究调查而提炼出来的翡翠色、玫瑰色、金色和青铜色的色彩组合始终贯穿于这组设计当中。这将有助于增加这个作品系列统一连贯的印象。

第三节　研究建筑物

用建筑作为服装的灵感来源或许是件让人吃惊的事。建筑设计显然意味着更加长久的视觉寿命，而不似服装设计会在每个季节进行变换。尽管如此，这两种艺术形式却都是三维的、结构化的，无论是在整体主题性方面还是仅仅在一个细节的设计上，两者总能找到相通之处。如果你着手研究建筑，你将会发现一大堆有趣的肌理效果、微妙的色彩搭配和强大的设计特色。

无论你的研究对象是历史建筑（比如一座教堂），一个著名的现代地标，抑或甚至是你自己的家，每当你仔细观察灵感来源时，创新理念就会自然涌现：摩天大楼的反光玻璃可能使人联想起闪闪发光的现代面料；油漆脱落的老旧海滩小屋能够激发你关于多层撕裂效果的灵感。建筑的透视线条往往会带来关于轮廓的创意——古根海姆（Guggenheim）博物馆可能是一件波浪状女衬衫的灵感来源，而克莱斯勒大厦则可能启发一个多层褶裥的轮廓的诞生。

项目

考量建筑的一般形态或许可以引发一些设计思路。挑选一座建筑并在你的速写簿上进行大量的描绘，有重点地记录那些有价值的元素（整体形状、设计细节和周边环境）作为思考的方向。对研究对象进行拍摄。然后将你的研究成果影印下来，并用画笔、马克笔和墨水笔在上面进行进一步创作。提炼出这些创意点并将它们绘制成为四幅设计稿件。

目标

● 练习细心观察周围的一切事物。
● 学会判断哪些是你可以在设计中运用的元素，哪些是必须被剔除的。
● 学会用一种创意形式来引发其他的创意。

过程

可以从翻阅建筑类杂志开始。一旦发现了足以启发你灵感的某种建筑风格，你就可以带上速写簿和照相机出门去寻找一座这样的建筑物并开始考察它的形状和颜色。看看楼梯间、电梯间、门窗结构、装饰物、颜色和材料肌理，以及建筑物的整体形状，同时别忘了记录下建筑物的周边环境。

▲ ▶ 大胆的阐述

比萨（Pisa）斜塔、一些明亮的彩色窗户以及图中这座位于西班牙巴伦西亚市（Valencia）的"城市艺术与科教中心"建筑——它们都是些令人惊叹的建筑典范，可以激发时装设计的灵感。

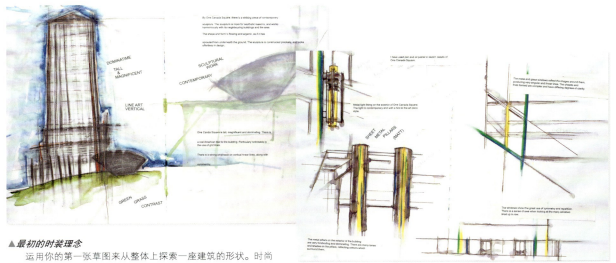

▲ 最初的时装理念
运用你的第一张草图来从整体上探索一座建筑的形状。时尚都是相通的，如一条长喇叭裙或短裙的轮廓就会突出一些。

◀▼ 解构
深度研究建筑物的结构。例如，探索那些连接点的细节处理——这可能会激发起你关于如何将服装的不同部分结合在一起的思考。同时，你也可以试着搭配照片中那些建筑的色彩和肌理，如此一来，你对面料的选择也就有了依据的方向。

用相机捕捉下整个画面，然后用草图来突出你想要记住的重点元素。通过这样的选择方式，你很快就能够学会辨别什么元素是你想要的，什么元素是可以剔除的。具体的做法是，在照片的影印稿上，用画笔、马克笔和墨水笔进行草图的绘制，通过对某一元素的巧妙处理来将原有的图像进行改动，从而最终获得属

于你自己风格的时装设计图稿。即使最终的效果与初期的灵感来源相去十万八千里也不必介意——在你的概念改造之下，悬索桥上的缆绳造型没准就变成了某款丝绸紧身衣上的支撑结构——这种从灵感源头到成果之间的转化已经跟踪显示出了你的研究过程。

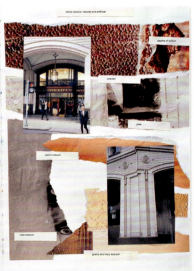
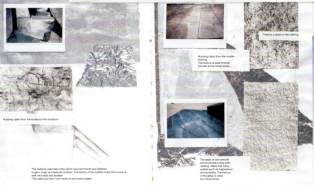

自我审视
- 你是否是从一座感兴趣的建筑物着手开始的？
- 你是否记录了建筑物的主题以及有关它的一系列细节？
- 你是否从一种三维的设计形式转化到了其他的创作形式？

另请参阅
- 重新审视熟悉的事物，第26页。
- 款式结构图，第130页。

第三节　研究建筑物

　　无论是由火车站的八字形线条启发而来的百褶裙，还是由铁艺阳台汲取到的刺绣或者花边样式——几乎在任何建筑样式中都可以寻觅到相关的服装轮廓和细节的灵感来源。当在建筑中寻找时装理念时，关键是要善于抓住一个切入点并尽可能多地进行探索，因为它或许会是一个意外的细节收获——例如，摩天大楼的窗户排列形式没准就成就了一款设计中的特征所在。这里所展示的这些独一无二的服装设计细节虽然明显地与作为灵感来源的建筑物雏形都有些许偏离，但都依旧保持了最初的那种感觉。

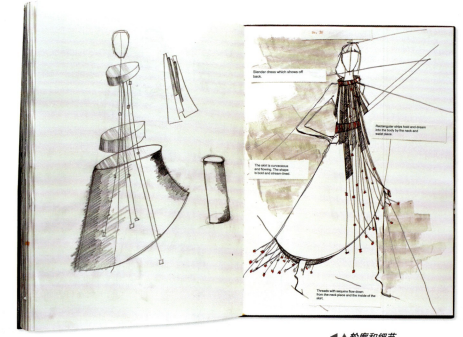

◀ ▲轮廓和细节

　　这些设计灵感都是基于同一座摩天大楼，既反映了建筑的整体形式，也反映了其中的细节。建筑的外轮廓主要体现在裙摆的倾斜度和角度的形状设计上面，而细节则表现在悬垂的带状装饰物上——这再现了摩天大楼的那些呈图案般规则排列的窗户。

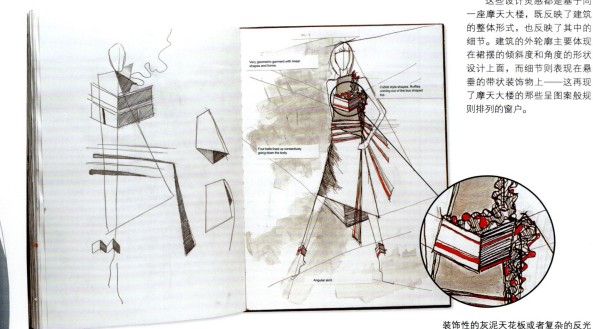

装饰性的灰泥天花板或者复杂的反光图案都可以作为一个宝贵的装饰手法的灵感来源。

建筑师和设计师通常有着同样的出发参考点，因此，他们彼此之间产生影响是毫不奇怪的。

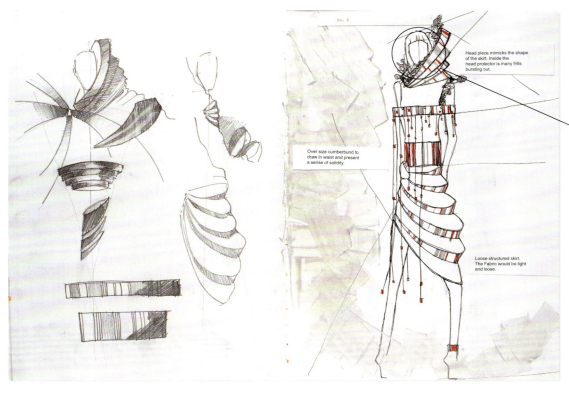

Head piece mimicks the shape of the skirt. Inside the head protector is many frills bursting out.

Over size cumberbund to draw in waist and present a sense of solidity.

Loose structured skirt. The Fabric would be light and loose.

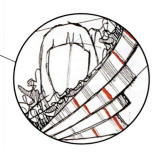

◀创意中的"基因"元素

这些插图通过提炼灵感元素的方法重新解构了建筑。在将一个棱角分明的建筑设计衍化到一件柔美服装的创作过程中，有关于摩天大楼的那些显著的参考因素已经消失殆尽。然而，一个强烈的传承关系却以"基因"的方式体现出了灵感来源的存在，并贯穿于整个系列当中。

Tight waistcoat, slit revealingly in the middle.

Ruffles overflowing from one side.

Pleated flaring skirt

Ruffles flowing in a circular shape from the highly positioned belt.

▶使用最少的颜色

通过采用一种风格的动态画面和尽可能少地有效运用颜色组合可以令系列作品保持一种统一的感觉。调色板上低调的灰色、黑色以及少许的红色就能够反映出最初的建筑灵感来源。

重新审视熟悉的事物

当谈论起时装设计师和插图师的工作时，人们往往想知道他们的想法从何而来。设计师在每一季都会推出大量的原创作品，这些新奇的想法难道是从稀薄的空气中信手拈来的吗？答案就是：创意显然不会如此神奇地自然产生，而是由与我们日常生活息息相关的事物系统发展而来。

◀▲最微小的细节
近距离拍摄或者描绘像贝壳这样的物体会让你关注到微小的细节，如螺旋形和旋涡形，它们会为你的设计增色添彩。

作为一个设计师，你将学习如何以新的眼光来看待普通的事物和主题，要学会善于挖掘其中的灵感和创造源。一旦明白了这一点，那么有关如何获得创意的神秘面纱也就此被掀开，你就会发现周围的世界为你提供了一个无穷无尽的想象力源泉。

乍看之下，要从这么巨大的一个范围内做出选择可能有些令人生畏，但你很快就会被培养出一种有选择性地找到切入点的能力，知道如何将它们潜在的价值作为你创作的灵感来源。关键的步骤是，要启用那些真正令你感到有趣和能够启发你的图像，并且用一种独创的方式来追究其中的理念。一种充满激动人心的个人化探索体验将为设计添加独特的风味。随着时间的推移，你可能会发现你自己在重温某些想法和图像。不要惊慌，这是完全可以被接受的，只要你能够为每一个范围内的设计主题找到一个新颖的解释，那么它就是你个人化设计风格自然发展的一部分。

就像必定是你的兴趣所在一样，同样重要的行事原则是

◀▼自然世界
刺绣或者花边的理念可能来自于自然中许多不同的物体。孔雀的羽毛、竹子的枝叶、波状的沙尘暴线条……这些都提供了有趣的肌理和图案。这些自然模板可以转化成为视觉上引人注目的纺织品和装饰物。

▲ 流行文化

　　街头涂鸦艺术与自然界之间形成了很棒的对比。明亮的色彩可以激发出富于表现代摩登大都市情调的奇妙的印花图案。

你所采用的必定是要能够将各种元素融合在一起以便日后运用在你的设计当中的那些素材资料。以下几个方面当属重点考虑对象：色彩以及它们的搭配方式、结构、比例、形状、体积、细节和装饰。你感兴趣的创意切入点应该尽可能地满足这些标准。然后你就可以用手中的素材资料制作情绪板（具体见28页），这将为你的研究方向提供一个未来进一步发展的核心所在，有助于你确保服装设计的展开是有据可依的，是经过精挑细选和有目标主题的。

▶ 家中宝物

　　你的家中收藏有什么有趣的工艺品吗？仔细观察一个传家宝或者纪念品，看看能否从中得到新的发现。其中，年代久远的纺织品以其错综复杂的图案和丰富的色调而成为一个很棒的灵感来源，你可以通过书籍、博物馆和互联网来轻松地对其展开研究。

▲ 包装文化

　　商品包装能够体现某种文化的根源，通过一系列浓缩的色彩、图像和图形就能够传递出整个国家的特质所在。

▶ 重塑偶像

　　时尚是有流行周期的，就像"性手枪"这样的流行乐队和他们所奉行的穿衣之道与时尚的风向标也总是分分合合。"过时的"风格真的可以经由改造而创造出新的时代理念吗？

第四节　创建情绪板

创建一个情绪板是件很好玩的事情，有助于你对已经收集到的资料进行进一步的挑选。这是你组织自己思想以及收集图片影像的第一步，通过这个步骤可以将你的那些创意点导向一个有着坚实核心内容和目标的设计结果。情绪板是一块上面布置有图片和色彩方案的大板子，它可以让你对自己所涉及的设计范畴一目了然。或许它们所呈现的复杂性是多种多样的，但顾名思义，情绪板应当总是围绕着你的设计项目中的情绪或情趣而展开的，它也是反映你的目标顾客的有力说明。

在组合图像研究资料时，你必须要做出决定如何剪辑和优化你的选择，同时也要确认设计的季节性和色彩组合。色彩应该反映出你所选择的季节——如柔和的粉彩系列通常用来呈现一个夏天的故事——但无论是什么季节，色彩组合的运用应该在整个项目里贯彻始终。

▲ ▼ 面料样本
如果你已经有了关于面料的想法，你应当在你最终的设计里用到它们，包括在情绪板上的使用。记得表现形式一定要保持清爽、简单和整洁。

另请参阅
- 创建一个风格统一的作品系列，第 92 页。
- 客户至上，第 104 页。
- 场合、季节和预算，第 108 页。
- 调色板，第 118 页。

项目

为你的作品选择主题和季节，并考虑谁可能会是你的目标客户。收集你所有研究过的材料。使用 50cm×75cm（20 英寸 × 30 英寸）的绘图板作为底板，将最具视觉冲击力的图片排列并粘贴于其上，让它们与色彩搭配方案或面料小样交融成一幅拼贴画。你也可以从当前的时尚杂志里获取适合于你设计主题的图片。建立情绪板的目的就是要尽可能地体现出你设计的精髓所在。

目标
- 优先考虑那些已经经过梳理的图片。
- 反映出你的目标客户群并选择对应的季节。
- 将你的创意点和当前的时尚潮流结合起来。
- 完成一个色彩搭配方案。
- 创建一个可以集中体现你所选择的设计主题的情绪板。

过程

收集明信片、杂志图片和照片等这样的东西，试着从中挖掘出能够激发你灵感的主题。从研究对象中选择有助你专注于重点的项目。将你的研究成果和来自于顾客、时尚杂志、时装网站（比如 www.style.com）以及顶级设计师网站的流行预测结合起来。并且收集图像以反映季节特点和目标客户的需求（参阅第 104 页和第 108 页）。

自我审视
- 当在勾画草图时，你是否创建了一种简洁明了的参考工具？
- 你反映出季节特色和目标客户的需求了吗？
- 你完成颜色搭配方案了吗？
- 你使用了那些最重要的图片了吗？
- 你作主题总结了吗？

▼ ▶ **测试色彩**
审视你所选择的图片，同时确定那些能够激发你设计主题的关键的色彩渐变和最好的色彩组合。

▲ **横向思维**

要尽可能广泛地进行研究，将诸多的设计理念连接起来。在这些图中，将艳丽的色彩和繁缛的浮雕画框从视觉上与精致的刺绣面料以及奢华的纱丽嫁接在一起。

经验将教会你什么规格的模板最适合自己，试着从一个 50cm×75cm（20 英寸 ×30 英寸）的模板入手，因为这样的尺寸有足够大的空间来容纳足够多的图片、面料小样以及其他的表现方式。手写字体在情绪板上通常显得不太专业，因此最好使用印刷体或从电脑里打印出来的字体。

这是一个试着将自己情绪板上的色彩组合方案和颜料样本、潘通色卡以

及杂志剪贴加以归纳整合的绝佳时机（如需更多的色彩组合资讯，请参阅第 118 页）。避免选择使用不适合的图片，因为它们会削弱最终的整体效果。

确保所有的图片都裁剪得当并且排列整齐。画面效果应当是吸引眼球的，而不是像你随意糊裱上去的样子。

切记，最简单的总是最好的。

◀ **杂志剪贴**

你应该收集一些时尚杂志。挑选出足以支撑你设计理念的当下流行的图片，并把他们运用到你的情绪板上。

▲ ▶ **完善你的选择**

列出你收集到的所有研究资料，这样你就可以有比较地选择出哪些可以运用在你的情绪板上。

第四节 创建情绪板

正如这里所展示的案例那样，一个成功的情绪板都拥有一个独特的个性。它能够充分表达设计的精髓所在以及很好地归纳概括设计主题，同时也要切实地反映出产品所对应的季节和目标客户等关键性因素。因此，想要创建一个情绪板，就应该将那些灵感因素、来自时尚杂志的图片以及即将而至的流行风格资讯有机地结合在一起。通过这种方式，情绪板提供了一个既充满创意又符合商业设计解决之道的综合体。

对于图像的使用决策过程极大地缩小并提升了设计师的创作理念。关键的想法是要优先进一步得到深化，这就需要有一个清晰的思维发展过程，如此一来，设计作品的诞生就会变得简单得多。完成的情绪板应该能够清晰地表述自身所代表的故事情节——对于每一块代表着不同项目的情绪板而言，其唯一不变的原则就是：专注于创意的集中体现。

▲ **古典的灵感**
情绪板上的古典主题来源于雕塑作品的质感和形式。大理石的含蓄柔和的色系有助于唤起一种永恒而内敛的情绪。

◀ **海滨怀旧**
这个情绪板上的主题元素将相去甚远的两个主题——海滨和悠远的时装（特别是与旅游有关的服装）结合在了一起。最终的作品系列叫作"一场 20 世纪20 年代的海边旅行"。

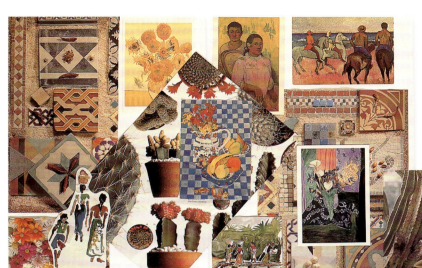

◄夏季的颜色

　　这个情绪设计板通过一组风格融洽的鲜艳图片呈现了一个盛夏的装饰主题。这个主题选择可以被进一步深化，如专注于艺术家、花朵图案或装饰性瓷砖作品等。

▶统一的色彩主题

　　从时尚杂志而来的图片，可以作为研究材料。在这里，面料交叠形成的绿色投影创建了一个统一的色系。

▲低调的高雅

棕色和中性色形成一种高雅的感觉。

▲一个女性化的角度

这个色调系列突出一个强烈的女性主题。

灵感笔记 创建数码展示板

一个行之有效表达思想的方法以及为你的设计收集素材的有效途径——创建数码展示板。在时装工业中，数码展示板的类型取决于最终的目标。数码展示板可以用来向买家和来访者介绍出售的产品，为一个作品系列或一季作品系列进行设计概念的传达，抑或是为即将到来的流行趋势进行宣传。

尽管一个数码展示板可以包括各种各样的视觉元素，但主要可分为三种主要的类型：首先是照片和图片，其次是面料和辅料，最后是效果图——包括平面化的和立体的（经过效果渲染的）人物形象。根据数码展示板的不同类型和使用目的，可以合并一个或多个元素。

在接下来的六页内，我们会看到两种类型的数码展示板：数码情绪板和数码流行趋势板。数码情绪板是用来传达与你的设计作品相关的感觉和情绪的，它重点围绕着设计主题而展开。而数码流行趋

▶来源
在这幅作品里，挑选了哥特式墓碑的图案和大气层的天空背景，将其与面料照片一起扫描生成数码图片。所有的材料都在 Adobe Photoshop 软件内打开并进行操作。

将身穿中世纪服装的人体模特照片扫描输入电脑，进行左右方向的反转并且转化成为灰度图，形成最终的影像。

这个模特被选为中心人物。将她的皮肤和头发放置在一个单独的图层，这样就可以根据需要改变它们的颜色，而不会影响到其他的图像。

直接从人体上扫描而来的黑色蕾丝面料样本被输入Photoshop 软件，它被用来模拟墓碑上的肌理图案。

项目

用一个独特的年代来创建一个数码情绪板。

目标

● 从过去寻找灵感。

● 将颜色作为一种工具来传达某种情绪。

● 捕捉古为今用的时尚元素来创建设计作品。

● 研究和收集可用于一个数码作品集的视觉元素。

● 运用 Adobe Photoshop

软件创建一个数码展示板。

过程

选择一部在过去年代里十分受到欢迎的电影［如 20 世纪 60 年代碧姬·巴铎（Brigitte Bardot）的电影］或某种流派电影，如哥特式恐怖电影（见上图）。注意演员或角色的服装、配饰、色彩、情调和整体风格。接下来，在网络和各种杂

志中收集与这部电影及其类型风格和感觉相关的图像和颜色。通常来说，色彩对我们的情感有强大的影响力，可以传达各种情感，因此可以利用这个特点，通过选择适当的颜色搭配组合来展现出想要表达的情绪。

举例说明你因受到类型电影影响而创作的三个设计作品，并且在展示板上完善它们。通过 Adobe Photoshop 软件，将你收

集到的所有材料转化成一个情绪板设计，尽可能充分地展现其流派和氛围。具体操作步骤如下：

1. 把所有的照片、草图以及素材资料收集在电脑的一个文件夹里。

2. 打开一个新的文件——尺寸最好在 28cm×43cm（11 英寸 × 17 英寸），分辨率设定为 150dpi 以便于网络浏览。这就是你即将展开创作的数字画布或画板。

3. 把视觉素材资料（面料、照片、插图）粗略地放置在你的画板里。你可以使用 Adobe Bridge 软件将所需的文件拖曳到画板区域里。在 Bridge 的菜单栏中选择"文件 > 浏览"。

4. 一旦在画板上添置了视觉元素，它们将形成各自独立的图层，你应该为它们各自命名以便于参考。然后就可以在每个图层上单独操作它们来创建

你想要的效果。首先选择"移动"工具，然后在"选项栏"中的"自动选择"选项打钩。现在，当你每次在画板上点击一张图片（点击"移动"工具选项），这层都会自动选择编辑。

5. 现在粗略地进行排版设计（排版就是在展示板上安置不同元素资料的过程）。确定什么样的图片方位最适合于你的展示板（是垂直还是水平），也可以根据需要来旋转你的画布。在"菜单栏"中选择"图像 > 图像旋转"。

6. 调整每一图层的变量。这里有许多的操作内容，包括改变图像的尺寸、切割图片、颜色调整、透明度调节、图层的重叠使用以及启用Photoshop的滤镜效果。

另请参阅
● 创建情绪板，第 28 页。

▲ 调整重点

请注意通过蓝色的调整，增强了与人物红色头发的对比效果，同时也为画面蒙上了一层清冷的色调。同时，通过对背景进行虚化，从而更加突出了模特，使之成为画板上的焦点。让模特的脸和头发与背景区分开来将会在给墓地上色时带来灵活性。

自我审视
● 数码文件是否有足够高的图像分辨率（300dpi）？
● 你能够判断颜色的使用是否正确吗？在情绪营造和市场销售方面给出使用它们的理由。

有用的工具

这是一则介绍创建数码展示板最有效工具的快速指南。

● 移动或重叠一个图像到其他图像上面，使用"移动"工具选择图像，在"选项栏"中的"自动选择"上勾选，然后将图像拖曳到画板上。

● 调整图像尺寸或旋转其方位，选择"编辑 > 自由变换"。

● 裁剪一幅图像（注意不是裁剪整个画板），使用"矩形选取框"或"套索"工具选择需要剔除的区域，并输入键盘上的"删除"选项。

● 调整颜色，在菜单栏中选择"图像 > 调整 > 色彩平衡"。

● 改变图像的透明度，选择它所在的图层，然后在"图层"中调整不透明度到100%以下。

● 为了创建立体效果，为图片添加上阴影。在"图层"中双击所需的图层（避开它的名称点击）。当"图层样式"的对话框打开后，在"混合选项"下的"阴影"中勾选即可。

● 编辑文字，在工具箱选中"类型"工具，然后为书写文本拖动并创建一个可调节的区域。

创建数码展示板

势板则用于为设计师提供灵感来源, 既有色彩搭配方案, 也有关于纤维和面料等技术资料。

数码流行趋势板是一个更有针对性的表述工具, 它用于罗列具体的款式、颜色、材质、结构细节以及风格上的细微差别; 而数码情绪板则更为概念化, 通常表达了一种情绪。相比较而言, 数码流行趋势板显得更加实际、明确, 在细节的描述方面也更加切实可行。

简而言之, 一个数码情绪板其实就是一个数码格式的情绪板。数码版本可以被用来进行电子邮件传递, 用 PowerPoint 进行演示或是以 PDF 格式呈现, 如果需要还可以被迅速地进行更改。数字媒体能够令数码情绪板文件立即上传至客户端。在当今快节奏的市场营销环境里, 顾客总是想要尽快地看到设计效果, 而设计师也需要具备快速做出修改或更新方案的能力。数码情绪板的另一个优点就是携带方便, 因为你可以将数十个数码情绪板储存在可

▲混合的色彩和光线

数码软件可以产生混合色彩调配的效果, 这使得面料的颜色可以被快速改变。在这个情绪板中, 将多个图像置在 Photoshop 的不同图层上, 然后启用"图层混合"模式。这种模式允许图层之间相互作用, 从而可以建立起有趣的过渡色彩和光线效果。

◀色彩和面料的搭配

这些图片都是在 Photoshop 中通过"色相饱和度"工具制作完成的。为了搭配一张照片或传达一种流行趋势而调整面料的颜色——仅此一项, Photoshop 用户就享有许多有用的技巧。这个工具可以在任何需要搭配样本或照片的面料上降低其饱和度或是改变其色相。图像可以被放置在不同的图层上, 这就像一副扑克牌, 先是搅乱它, 然后再根据自己的偏好进行码放。

以随身携带的 U 盘里。

请记住，流行趋势并不是为了销售服装而想出的新点子，而是一种休眠状态的潜在信号，直到有创新思想将它们挖掘出来。

这些富于创新的设计思想需要有善于发现细节的敏锐的眼睛，或者能吸引大众进行购买。设计师、造型师、业内人士、趋势观察者、销售人员和那些提供预测的人们都面临着如何最好地理解和呈现每一季新流行趋势的任务。

一个数码流行趋势板应该反映出流行趋势以及设计师掌握数码技术的程度。相对于传统趋势板来说，它的优势在于能够迅速改变颜色、布局、规格和输出图像。

数码流行趋势板包括了对重点图像的挑选，并且可以用 Photoshop 软件进行绘画调整，如消除旧的背景以产生新的画面以及更改画面颜色和光线。背景图像可以让设计师表达出整体的设计概念，突出服装主题。

流行趋势和预测是为收集资源和信息而服务的，它们为设计师和公司提供有条理的、引人入胜

▲ 创建情绪颜色

绘画与影像的结合，以及在交叠的影像图片上进行透明度的调整——这些只有在数码环境下才能够被实现。这张图片中的初始颜色是红色（包括服装的面料、龙、唇色、宝塔和花朵）。通过添加"色相及饱和度调整"层，颜色就"被画了上去"。这一过程最终使得"蓝和绿"变成了整个故事的基调。

▶ 过去的影响与现代技术的结合

在这个情绪板里，色彩方案首先被确定下来，然后根据色彩找来图片和面料。通过使用"图像调节"索引就可以让面料色彩变成自己想要的颜色。选择图像调节的色彩列表工具可以提供全部的颜色盘，由此你可以控制或挑选每一种颜色，并且进行搭配、改变或者任意处理。

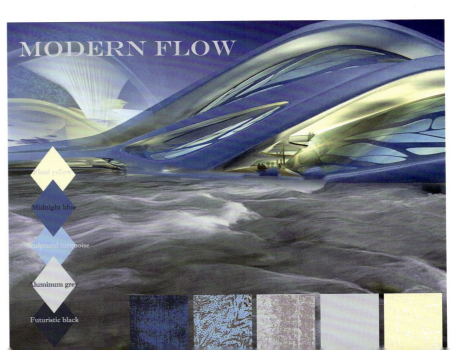

灵感笔记 ## 创建数码展示板

的视觉化表达形式（印刷书籍或电子版图书）。它们集合了来自世界各地的时尚图片和动人故事，预测色彩和流行的发展方向，为时装秀、商业展会、最新的零售商店橱窗、店铺陈列和时装插图提供了创作的灵感来源。你可以根据你的研究结果和灵感来源创建属于自己的数码流行趋势板。这里也有一些提供流行预测资讯的机构，例如，《这儿和那儿》杂志（*Here and There*），隶属于 Doneger 集团，WSGN 英国在线时尚预测和潮流趋势分析服务提供商（WSGN），流行趋势联盟，隶属于 Edelkoort 有限公司。

传统的还是数码的？

花一些时间来做一个比较：是制作一个传统样式的展示板好呢？还是创建一个数码展示板更加有效？以制作一个数码情绪板为例，你可以收集（电子图片或通过扫描获得）与你的设计主题相关联的照片和面料，然后改变它们的尺寸、色彩、透明度

▲ **焦点**

在这幅名为"别致的花边"的流行趋势板上，将重点聚焦于女性轮廓、面料以及那些裁剪考究的细节上面。这种意想不到的组合是对传统丝织花边面料的崭新用法。设计师让·保罗·高提耶（Jean Paul Gaultier）经常以男性与女性雌雄一体作为创作的灵感切入点，将其视为一种时尚的穿衣方式。这里使用的色彩也与这一流行趋势相符合。

◀ **连贯性**

当创建数码流行趋势板时，色彩和主题的一致性可以贯穿于整个作品系列或集合当中。这组名为"城市"的作品系列是由铅笔和钢笔绘制并经由电脑上色的。数码流行趋势板旨在通过暗色和反光面料来传达一种具有机车风格的优雅装束。太阳镜在这里营造了一种统一感，它意味着模特们都来自于同一个世界。

和位置——这可比传统的手工裁切和粘贴技艺更加简便易捷。数码制作的另一个优势是，同样的元素可以在其他展示板和项目中重复使用。例如，同一块面料可以用于多个展示板。一旦投入到数码展示板的制作中，你就能体会到设计的可能性是无穷无尽的。

规划你的数码展示板

规划在创建专业的展示板时是必不可少的。规划的第一步是定义你的展示板的"目的"所在——它是被用来传达面料的设计概念吗？还是针对流行趋势的预测？接下来的一步是要找到主旨所在——你应该知道你面对的市场构成（谁是你的客户？）以及你的产品是什么（你要设计什么？）。一旦你做好了这些准备，集中你所有的视觉元素，就可以开始大致码放你的展示板元件，根据你的需要确定最佳的版式、图片方位以及展示板的总数量。

▲ 数码改良面料

这一系列是受 20 世纪 70 年代的时尚元素启发而来，为了更适合今天的女性穿着，服装的款式都已经重新设计。设计明显地受到了 20 世纪 70 年代翻领印花衬衫等服装、粗蓝布以及刺绣工艺牛仔服的启发，同时面料的样式也经过了数码处理。口袋的细节设计被单独放大，展示了数码刺绣工艺。

▶ 背景设计

每一个展示都有一个背景，由不同图层上的单独图像组成，这样也不妨碍它们可以分别单独操作。图层可以进行合并，每一层的透明度都会被降低，如此一来，人物就不能够从背景里被剥离出来了。

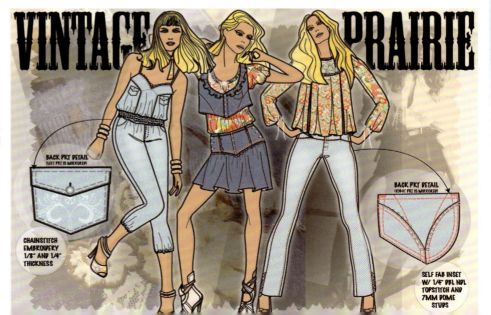

第五节　印度的传统

在这个全球品牌的时代，可以逆向地转而从非西方文化中寻找设计灵感。印度就是一个在当今时代环境下仍然保有自身文化的独特国家，这得益于印度始终与传统文化根源保持紧密联系的缘故。无论是从香料和印花面料中汲取的精妙绝伦的形状，还是从华丽的黄金首饰，抑或是从内嵌有许多镜面装饰的纺织品，以及从用染料在双手上刺出的文身图案——得出印度这些充满活力的色彩和复杂的图形都是非凡设计理念的灵感来源。它们是印度多世纪以来文化的一部分，继续在全世界范围内作为印度人的共同记号而被保存了下来，因此你完全可以收集它们作为研究的对象。

依靠一个强大的传统文化作为灵感来源，可以确保你的资料不会过时——因为它们不会被视为是某种突发奇想。作为一个设计专业的学生，你应该尽可能多地探索不同的文化：你将会发现一个取之不竭的设计宝藏——你或许只需要稍微调整尺寸或者颜色就可能获得完全新鲜的想法。

这个项目是一个很好地表达你自己的机会——就按你自己

▲神的传奇
在印度，你永远不会远离印度神和女神的故事，关于他们的传说在海报、宣传卡片以及数不清的电影和歌曲中随处可见。那些华丽的颜色、墨线描画的眼睛或者古老的长裙都是典型的印度影像，它们将带给你设计灵感。

▲莫卧儿（MOGHUL）风格
印度那些美轮美奂的建筑是一个很好的创意来源。泰姬陵（Taj Mahal）的圆顶可能使人联想起上身丰满的曲线。一面覆盖了繁杂纹样镶嵌的大理石墙壁，也许会促使一件极致完美的银线晚礼服的诞生。

另请参阅
- 重新审视熟悉的事物，第26页。
- 款式结构图，第130页。

项目

从尽可能多的灵感来源中研究印度文化。收集印度的物品，寻找面料色板，进行拍照、绘图和拼贴等工作。在速写簿里，用20页的篇幅来记录你所收集的各种各样的研究成果。然后通过这些找到的物品开始切入你的工作，探究你想要在设计中使用什么样的颜色和形状。规定自己完成四张设计图稿。

目标
- 以印度文化为灵感来源来研究非西方文化设计概念。
- 为这些概念施以新颖的诠释。
- 在你的作品中实现多元文化的有趣融合。

过程

通过参观博物馆、图书馆、土特产食品商店、集市和寺庙等方式来研究印度文化。当你研究时，你可以购买明信片，也可以四处拍照，还可以在速写簿上写写画画。去寻找有镜面装饰的传统背包、香料样品、宗教图标和妆容，去听印度音乐，看印

◀生动的色彩
　　精致的黄金珠宝或者繁缛的手部文身图案都可以被转化成为纺织品图案，它们可以通过印花、刺绣或者钉珠工艺加以实现。

▶街头生活
　　在街市出售的成堆的生鲜产品可能会激发出你产生一个紫红色系列的冲动，抑或是将芫荽叶的形状运用到你的设计中去。

度电影。让你自己完全沉浸在研究中，用剪贴、样品、色板和任何你希望所采用的方式去填充你的速写簿。

　　一旦你有了想法，就开始做研究。首先就要明确重点目标，然后用画笔、蜡笔和墨水将灵感描画出来。尝试通过画笔的混合来进行色彩搭配，从

而达到完美的色调。这个过程比你想象的要难，所以要进行调配色彩的试验。尝试不同的效果，使用色粉笔、透明颜料或者蜡笔在干透的画面上轻轻地涂抹，以此方式来再现那些原始素材里的色彩和肌理。

　　最后，通过你的研究，完成四幅时装效果

图。试着给它们塑造一个整体的形象——或许通过统一的色调或轮廓就可以实现这一目标。

▲填充你的剪贴本
　　通过将你的速写簿发展成一本剪贴簿的方式来组织你的研究工作，你可以尽可能地将其填满多彩而刺激的灵感元素。从杂志中收集照片、文本信息、面料样品、图片等资源，也可以从其他参考资料里获取它们，比如印度经文。当你整理好你的研究成果，你就可以整合出一个情绪感念并组织一个色彩组合了。

自我审视
- 你充分地研究了印度文化吗?
- 你将你的研究进行色彩和肌理的搭配了吗?
- 你为最终的画作提供了一个新的视角还是仅仅只是灵感来源的衍生品?

第五节 印度的传统

所喜欢的那样展示你自己。在这之后，你就要开始考虑客户的目标和预算的问题，因此现在是去更广泛地探索设计魅力的最佳时机。

来源于印度传统灵感的服装可能是宽松和飘逸的风格，或者是巧妙地借鉴了头巾和莎丽中缠绕和多层的样式。颜色方案很可能是大胆而艳丽的，反映了原材料丰富的色彩和色调。当研究一个民族资源时，重点是收集尽可能多的文化元素，这样才能将速写簿里的研究成果和情绪模式融入最终的设计作品之中，并以此保留对主题的独特感觉，而并非仅仅只是简单的衍生品。传统的、非西方文化固然为设计师在面料、轮廓以及装饰理念方面提供了丰富的创作资源，然而，一个成功的设计师总是会在传统的理念里找到一个新的突破口，设计师或许会以一个具有独创性的形式进行整合或者以当代影响力的方式进行融合，从而为一个古老的设计赋予一种全新的概念。这里所展示的系列图片强烈地反映了其文化根源，同时也保持了多元文化的本质感觉。

◀装饰

将准备好的物品，例如树叶、花朵和钉珠、拼贴画运用到图像中去，这些插图给人一种鲜明的肌理感受。

◀▲▶融合时尚

这个杰出的系列作品将印度式样的肌理和色彩带入到了一个新的境地，使原始的主题完全被转换成了另一种理念。有丰富的图案的面料和旋涡裙清晰地反映出了印度文化的渊源，而西式的低胸紧身上衣则体现出了现代设计风格。

▲ ▶ 自由奔放的系列成品

　　这是依据时装效果图最终制成的成
衣照片（有一些色调的改变）。摄影风
格被赋予一个流动的、自由奔放的感
觉：一个时装大片不一定是具象的，但
是时装应该是设计师内心世界的视觉化
表达。

第六节　艺术与图形

对于学习时装专业的学生来说，探索图形设计的奥秘是十分重要的功课，因为它是最好的灵感来源之一，是属于世界的艺术。图形设计师应该能够效仿画作的结构和风格，并且真实地借鉴其上的色彩组合。20世纪现代主义绘画提供了非常丰富的资料来源，因为清新的笔法和鲜艳的色彩非常适合于图形设计。受到纺织品设计师追捧的画家包括了杜飞（Dufy）（他自己本身也是一个图形设计师）、蒙德里安（Mondrian）、康定斯基（Kandinsky）、米罗（Miró）、马蒂斯（Matisse）和毕加索（Picasso）等人。

另一个来源是公共领域的图形资源。这是能够轻松获得的，如书籍、工艺美术图形——它们都可以通过网络而免费获得。试着对这些插画进行调整及上色来获取非凡的效果。

至于哪些图案最适宜做印花面料——这中间其实并无任何限制，什么都可以！然而，如果为一款特定的服装设计图案，那你就需要考虑到面料的裁剪。要按照面料的丝缕方向安排图案，如此这般，在进行斜裁时（即按照对角线方向的丝缕进行裁剪）才不会导致图案位置的偏离。在进行"单向"

▼ 可销售的图案设计

"多向"印花面料在销售上总是优于"单项"印花面料（因为对于制衣业而言，"单向"印花面料通常是不够经济划算的，因为需要更多的面料来保证图案整齐划一）。

▶ 从艺术中创造艺术

像蒙德里安绘画作品中的那些强烈的形状和色彩简直就是图形设计的绝佳设计元素。在这里，原作的关键部分被提炼出来形成了图形设计——它们自身从根本上就是一种独特和美丽的创意。

项目

将绘画作品或图形资料作为你的灵感来源都是可行的。第一步，尽力模仿你所喜欢的一幅画的风格，设计五个纺织品印花图案。第二步，利用你的素材重新进行创作，你可以通过复印、放大或增加笔触的方法设计一款头巾。至少制作三款颜色不同的方案（即设计三个不同版本的色彩组合）。

目标

● 仔细地观察素材来源，注意其中的颜色、线条和肌理。

● 尝试图形的缩放效果及协调性。

● 如果你选择了头巾设计，请注意观察色彩是如何改变设计状态的。

过程

如果决定设计印花图案，你可以将印有绘画作品的明信片作为研究的对象，从中选择出那些适合于连续使用的图形。选择一张图片，并观察他的各个部分以及细节。然后设计至少五个图形方案。尝试着以艺术家的风格进行创作，小心使用同样密度的色彩组合或相似的画笔或色粉笔的笔触。尝试用不同规格的形状以及将两个以上的图形方案进行结合（因为图形的来源相同，所以图形之间自动进

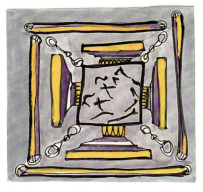

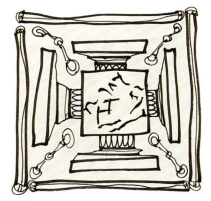

▲**建立一个设计**
这些插图展示了从图形资料到图形设计草稿的发展过程。被选中的图案和草图是用来对设计和色彩方案进行——检测的。这些图案会被安置在选择好的以不同色彩组合呈现的设计方案中。

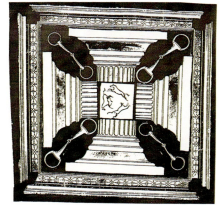

▲▲**重新排列图形**
在这里，借用了米罗作品中的图形，经过重新排列，形成一个松散的、可重复的原创设计。

行结合是很好的时机）是件非常有趣的事情。

尝试设计"单向"图形及"多向"图形。你会惊喜地发现，有很多伟大的图形创意都来自于同一张画作。以头巾设计项目为例，你只需要选择你想要的图形，并用复印机以新颖的方式将它们复印出来——你可以向正在复印过程中的图片吹气，这样将致使图像的边缘呈现出断断续续的效果，从而得到一种有趣的肌理感。然后把他们剪下来并以不同的方式摆放它们——记住，规格不同。接下来，在底稿上描画出细细的布局线，这些图像可以依此被进行平行排列或者呈其他形状的排列。当然，你也可以进行不同色彩之间的组合搭配。当你感到满意时，就整合并完成自己的一幅设计稿。首先，将其处理成为黑白画稿；然后，对其进行多次复印以备以后不同的色彩方案之需；最后，你可以用画笔、蜡笔和墨水笔为你的设计上色了。通常最好不要用过多的色彩；通过限制用色可以简化进行上色的过程。你将会发现，不同的色彩应用在同一个设计上，可以实现非常不同的效果。

自我审视
● 你能够模仿你所选择画家的风格吗？
● 你会出其不意地使用绘画元素或以自己独有的方式描绘图形作品吗？
● 你有没有试着缩放或者调和图像？
● 你能很好地进行了色彩设计吗？

另请参阅
● 研究建筑物，第 22 页。
● 用粗线条勾勒图案，第 86 页。

第六节 艺术与图形

印花的过程里，由于图案是朝向同一个方向，因此相较于"多向"的印花面料而言，其裁剪的灵活性要差一些。

现有艺术品和图形的线条、形状、形式都可以为时装设计师提供重要的灵感来源。在这个世界上，几乎所有的绘画都能衍生出十个图形设计，因此可以说，潜在的可操作的图形资源是无穷无尽的。成功的关键在于项目的第一部分——如何汲取艺术品中的图形设计？这需要通过细致入微的观察和尽可能如实地模仿画家的风格和技巧来做到。在大胆的几何线条中，像杜飞和蒙德里安这样的画家传递出了强烈的个人符号，同时，这无疑也是属于他们关于图形的原创设计。

从不同色彩设计的头巾中，能够窥见一个新的色彩组合对于物体外观的影响程度。通常最好不要用太多的色彩，限制色彩的数量能够简化色彩平衡的过程，并且更加容易达到一种强烈的视觉效果。

▲ 不同的色彩设计

头巾图案可以被设计成不同的颜色组合，从中可以窥见改变一个简单的色彩可以对整体设计产生多大的改变。

◀▲ 整合设计

最后，头巾的图案只需在一些细节处进行轻微的调整即可，但仍然清晰地反映出从单个的图案到整合设计的过程。单个图案的部分已经消失或在尺寸上已经被减小，通过复印机的作用，还可以在线条的强度上产生一个有趣的差异。

◀◀▲**重复图案**

在这里，杜飞和蒙德里安的作品已经成为创建一个图系列作品的灵感元素。只是通过将绘画作品中的一小部分进行重复印刷，一件熟悉的艺术品就可以被重新制作成鲜活的引人注目的图案设计。

★ 通过夸大细节，为一个熟悉的概念注入新的活力。

★ 仔细观察日常物体有什么样有趣的色彩和表面细节。

★ 参考书可以带来多种话题，如科学，它们都可以带来新的想法。

小细节，大理念

寻找一些新鲜亮点的简单方式是：试着缩放它。如果将一件司空见惯的物体进行局部放大，就会有新的事物出现——它们是可以创新理念的灵感来源，而不再是无聊的熟悉事物。通过这种对灵感来源的深入思考的方式，你可以为作品打上属于你自己的烙印。

通过绘画、摄影、刺绣或复印机放大一幅影像作品或物体的局部细节——这一过程表明你已经进入了创作的状态。当用这一方法进行不同的尝试时，提炼出你最感兴趣的元素是非常有效的切入点，这比仅仅只是简单地再现一个主题更加具有创造性。例如，一个昆虫翅膀的特写可能会激发你的灵感，促使你想要创造出一些新颖的色彩组合或创造出鳞片状的图案。那么，尽量让有关的一系列图画或照片变得越来越抽象化。这个选择和开发的过程是非常重要的——因为这是一个依据你的研究素材并以自己的方式来创造一个独特设计的过程。你可以问问自己，你为什么被这张图片所吸引？是其中的鹅卵石还是雪花？答案将会为你指明正确的发展方向，这正是你需要从研究素材中提取的关键性因素。通过这样的方法，就连像"剥落的墙面"这样的普通事物都会成为一个奇妙的创意宝藏，对于层层叠叠的肌理和颜色——你将会开始用一种设计的目光去看待它们。

▲ 更进一步地观察
那些看起来无关紧要的事物也可以激发出创意理念——这些齿轮相互咬合的方式或许可以激发出一种有趣的缝合细节处理。

▶ 脚下的灵感
鹅卵石可以拿来被单独用来研究，它们微妙的质感、对比色的斑点或者是被看做一组形状类似的物体——都可以随机地激发出一个图形设计方案。

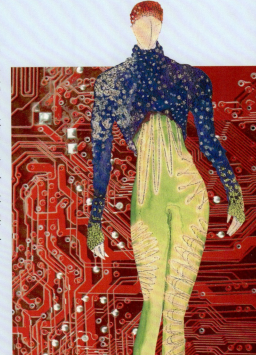

▶ 出奇的美妙
当靠近看时，一些人造物体是非常漂亮的。这个集成电路板也许会激发关于珠绣或是针织纹理的设计灵感。

▶ 自然奇观

大自然是形状和图案的无穷无尽的灵感源泉。红玫瑰的花瓣也许会为一条长裙的褶边提供关于形状和结构的灵感。

◀▼ 科学的启发

科学和自然的书籍及杂志是启发灵感的绝佳来源。特写的图像产生了失真效果，从而可以展示出令人意想不到的细节。想象一下，蜜蜂的半透明翅膀是如何转变成一件透明的裙子的。

▲▶ 图层产生的可能性

重复的人造图案可以激发有关图案的设计灵感。稍微靠近点儿并且分层次地进行观察，生锈或变色的效果可能激发出你关于面料层叠的理念。

第七节　面料创新理念

近距离观察你所收集到的那些灵感来源的表面细节时，它们可以激发你关于肌理和色彩的大胆创意，这将会影响到你对面料的选择。与依赖于采购面料的做法不同的是，你或许可以选择通过刺绣、染色、编织或者印花等手法来自己制作面料。这样一来，这些新颖的面料就会真正成为你独特服装设计的一部分。一般来讲，当你以华美的织物为先导时，你的服装应该被设计成简单的款

▲▼快速研究

摄影是快速收集有效研究素材的良好的方式。使用黑白图案将有助于你集中思想在图形的结构和线条上，而彩色摄影则可以为你的色彩搭配提供一个良好的开端。

项目

选择一个经得起细节考量的主题，它将适合于激发出有趣的织物设计理念。通过绘画或者拍摄来寻找你的设计概念。你也可以使用情绪板来帮助你选择一个色彩组合模式以完成你的面料设计。挑出那些最强烈的织物理念，由它们衍生出一些款式简洁的时装设计方案，如此一来，新颖的面料就会成为整件作品的焦点。

目标

● 为织物的创意发展选择一个合适的起点。
● 通过创造不同的织物来拓展自己的理念。
● 由你觉得最强的织物理念衍生出最初的时装设计概念。

过程

选择一个具有挖掘潜力的主题来进行深入研究。例如，一个古老的墓地，它提供了许多有趣的结构细节——石雕雕刻、生锈的栏杆和层层叠叠的树叶。拍照是一个快速收集研究素材的很好的方式。你可以将你的主题看做一个整体的场景或特写的镜头，通过取景器观察周围的世界通常会给你一个全新的视角。然后你就可以在现场进行进一步的写生，或是稍后回工作室利用所拍摄的照片作为勾勒草稿的参考素材。你也可以通过数码技术来编辑照片，将照片扫描进电脑，而后利用像 Adobe Photoshop 这样的软件来进行图像尺寸和颜色的编

辑操作。

将你的彩色照片组合在一起，通过在重要的色彩渐变区域挑选出想要的颜色以及界定和谐色的方法来创建色彩的搭配方案（见第 118 页）。另外，让自己尽量使用黑白摄影，这将会有助于你专注于物体的形状和肌理。

想一想如何将你的研究主题转化到面料的设计上。你可以通过裁剪、漂白、绘画、染色、印花、起泡或贴花等方法进行面料的再造。你甚至可以通过像编织这样的工艺设计出一款全新的面料。将一个情绪板作为一个重点，收集所有的辅料、珠饰、丝带或者你所希望的图案效果。

最后，将你有关于织

物的最佳设计想法以时装效果图的形式表现出来。记住，精美繁复的织物通常最好以简单的服装形态作为载体进行展示。

另请参阅

● 创建情绪板，第 28 页。
● 从刺绣工艺入手，第 52 页。
● 塑造面料，第 122 页。

▶**尝试新理念**
　　你可以开始粗略地画出有关时装的想法，将研究素材中的那些形状和图案合并到织物设计上，并以不同的尺寸和比例将其放置在不同的人体部位进行尝试。

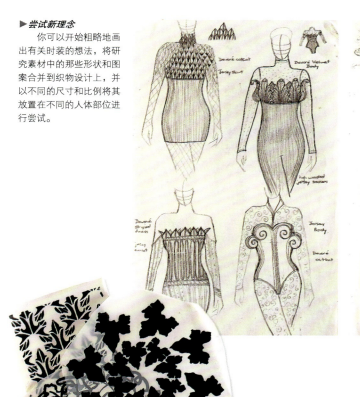

◀**设计中的简化策略**
　　简化图像，如表示重复的树叶，将是很好的装饰手法。这些印花的灵感是来源于新艺术运动中那些关于树叶纹样的设计样式。

▲**创建一个主题**
　　编辑情绪板可以让你将研究素材图片与时装设计理念相结合。所有选定的素材都应该共建一个共同的主题或者"情调"。

自我审视
● 你所选择的灵感来源足以激发面料的设计概念吗？
● 你独特的面料设计是从最初的创意原点开始发展起来的吗？
● 在时装设计初稿里你融入了最强烈的面料设计理念了吗？

第七节 **面料创新理念**

式，这是为了让面料之美能够被看到并且得到欣赏。

连同服装设计一起开发一款新的面料——这一过程可以令设计师对整个创作过程进行全面的把控，它让设计师通过一种独特的素材处理手法制造出真正意义上的原创系列作品。为了给作品一个强大的整体外观，设计师应该用不同的手法来彰显灵感来源。例如，不仅仅是对面料表面的加工处理能够强烈地反映出服装的主题——甚至人物的姿态都能够让人联想起"墓地"这一灵感来源。

在这里，简单的服装形态是展示面料理念的恰当媒介。当设计师投入大量的心血打造出一款美丽的面料后，他们往往会倾向于让服装尽可能保持简单的外形轮廓。如果一个奇怪的轮廓再搭配一款过于繁复的面料，反而会导致整体效果的混乱。反之亦然，面料也不宜使用过多，因为它将会破坏服装的轮廓线。为了清晰起见，时装的设计图稿总是连同面料色板或独立的面料描述一起呈现。

◄►**拼在一起**
相似的面料定位可以进行整合处理，如相似的织物、装饰（珠饰、金属圆片、刺绣）和形体轮廓。在这个范围内，各种构成元素可以进行互换以呈现多种外观。

▼▶平衡的设计

最终的插画风格也可以帮助激发灵感。这里的人物通过一个静态的、轮廓鲜明的方式，让人联想起墓地里的那些雕塑。面料和外形轮廓的搭配也是和谐的：简洁的轮廓凸显了织物之美，而织物的风格并没有压倒时装的整体效果。

用有趣的蕾丝或刺绣面料来设计一个利落的廓型会给传统时装注入新鲜的活力。这条经典的公主线裙由于使用了烂花天鹅绒面料而显得焕然一新。

这件不对称设计的蕾丝上衣搭配了一条天鹅绒面料的鱼尾长裙——这样的晚礼服裙与类似风格的上装都能够达到和谐的状态。那些灰色的钉珠长裤也可以替换图中的鱼尾长裙。

▲再次强化流行信息

这幅抽象作品采用了暗色调和阴影来突出"哥特式魅力"。叠于其上的蕾丝内衣平面结构图再次强化了这种流行风格。

如果你具备一些技术工艺知识，你可以将想法应用到真实的面料设计之中。强烈的化学药品可以用来对真丝天鹅绒成品进行进一步加工处理。

第八节 从刺绣工艺入手

前一个单元介绍了如何以织物为切入点展开服装设计。同样刺绣工艺也可以被当做是时装设计理念的出发点。你可以在纸上画出图案和形状并由此展开有关的刺绣设计。例如，艺术家古斯塔夫·克里姆特（Gustav Klimt）的画作中充满了繁复华丽的图案，而它们就是理想的灵感来源。你可以从自己的喜好出发，但是要确保选择对象所包含的装饰信息应该足以贯穿你的整个调研过程。去寻找那些可以被简化的形状和图案，让它们能够为你最终的设计所用。

受到时尚杂志的引导，将你的刺绣创意融入到时装的设计中。你会发现设计师在使用刺绣工艺时，其尺寸、数量和位置在每一个流行季都会有所

▶ 图案和节奏

要选择那些图案形式感和节奏感强烈的图像——如这两张古斯塔夫·克里姆特的绘画作品。画中的这些旋涡能够很完美地被转化成为刺绣设计。

项目

选择你觉得有启发性的艺术作品。探究你所选择的作品中的图案、颜色和形状，用绘画、绘图和摄影的方法收集研究资料并且从时尚杂志上剪下来。你所要做的是，逐渐地单个分离成容易理解的刺绣图案和形状，并且用这些作为时装设计的灵感。

目标

● 选择一个合适的切入点启动以刺绣工艺为灵感的设计发展过程。
● 在时装方面，通过使用

复杂的装饰物将织物和时装设计结合起来。
● 选择最有感觉的刺绣理念来激发自己的时装设计灵感。

▲ ▶ ▼ 扩展你的调研范围

用一本速写簿来尝试着从他人的绘画作品中提炼形状方案。将从杂志里获得的流行资讯和自己的设计图整合成为情绪板，作为你对于绘画作品的研究成果，并且拓展出一些简单的装饰图案。留心观察，把喜欢的图案都拍摄下来。以下这些都是以铸铁工艺为灵感背景的装饰主题。

自我审视

● 和时装设计一样，你选择了适当的细节灵感来发展刺绣设计吗？
● 你让你的装饰理念首先在服装设计上显现了吗？你有好好地平衡复杂设计和简单设计之间的关系吗？
● 在草图中，你有将最好的想法展示出来吗？

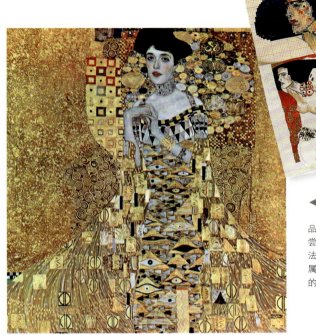

◀▲▼分离出形状

勾勒出或描绘出自己所理解的艺术家的作品来鼓励你去确认是否已经贴近了灵感来源。尝试用网格纸去分析形状和图案，并且想方设法让它们转变为刺绣设计方案。你也可以创造属于你自己的简单刺绣图案。如图所示，右边的几何图案和串珠图案正是呼应了画中的形状。

过程

从你所选择的艺术家作品入手，但是始终不要偏离最初的设计出发点。仔细地进行选择是非常重要的设计过程。你也可以把自己所拍摄到的类似的图案照片融入其中。这种第一手资料可以为你的设计增添原创性，以解决设计来源过于简单的问题。

画出或者描绘出你自己所理解的内容，将它们逐步简化成图案或者形状。使用拼贴工艺和机器刺绣来开启装饰创意之旅。把你所观察到的形状和图案临摹下来——它们当然也是绘画作品，只不过完成它们的是一台缝纫机而不是一支画笔。

你可以首先仿效原作上的色彩搭配方案，但更应该大胆地用自己的调色盘来进行着色渲染。改变颜色会让相似的图案变得耳目一新。

现在将你的刺绣灵感运用在一些时装设计之中。要记住，一个简单的服装廓型才是凸显刺绣效果的最佳选择。口袋、领口、下摆和袖口都是显示装饰效果的理想部位，或者你也可以更大胆地将设计点放置在衣身的正反面或者袖子上。装饰元素在时装上可以被单次或者重复地使用，既可以是随意无序地出现，也可以是按照一定规则来排列。在这个阶段，你也应该重新考虑色彩因素，它们最好能够适合所针对的目标客户群。把你最满意的想法集中在一起形成最终的时装设计。

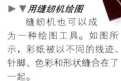

▶▼用缝纫机绘图

缝纫机也可以成为一种绘图工具。如图所示，彩纸被以不同的线迹、针脚、色彩和形状缝合在了一起。

另请参阅
● 参观一座博物馆，第18页。
● 艺术与图形，第42页。
● 小细节，大理念，第46页。
● 面料创新理念，第48页。

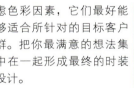

第八节 从刺绣工艺入手

不同。根据具体的设计情况，刺绣的理念可以被直接地应用在时装面料上，也可以作为服装编织工艺的图案或肌理的灵感来源。例如，将图案用刺绣工艺表现出来或是在针织衫上进行印花处理——这些通过技术都是可以实现的。如此说来，一个时装系列有可能会是一个混搭的系列：一些时装采用的是印花工艺，而另一些时装则采用的是编织或刺绣工艺，尽管在处理方式上或许大相径庭，但是它们都必须反映出最初的设计理念。

自初始起至最终的时装效果图，其间已经经历了很长的演变道路，与克里姆特的画作比起来，最终的借鉴效果已经变得很微妙。最后的系列作品被设计师打上属于自己的风格烙印——这点非常重要，它表明素材来源并没有压倒原创理念而占据主角位置。

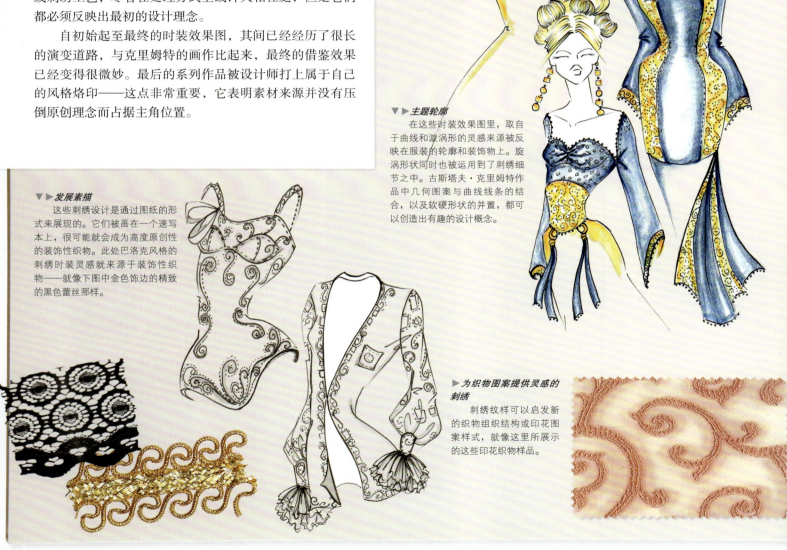

▼ ▶ 主题轮廓

在这些时装效果图里，取自于曲线和漩涡形的灵感来源被反映在服装的轮廓和装饰物上。旋涡形状同时也被运用到了刺绣细节之中。古斯塔夫·克里姆特作品中几何图案与曲线线条的结合，以及软硬形状的并置，都可以创造出有趣的设计概念。

▼ ▶ 发展素描

这些刺绣设计是通过图纸的形式来展现的。它们被画在一个速写本上，很可能就会成为高度原创性的装饰性织物。此处巴洛克风格的刺绣时装灵感就来源于装饰性织物——就像下图中金色饰边的精致的黑色蕾丝那样。

▶ 为织物图案提供灵感的刺绣

刺绣纹样可以启发新的织物组织结构或印花图案样式，就像这里所展示的这些印花织物样品。

◀▶ ▼ *清楚地传达*

通过分别展示服装本身及其上的局部细节，这些最终的时装效果图可以强有力地传达出两者的设计理念。其中的一些刺绣样式甚至进一步被发展成为织物组织结构。这些设计已经远离了他们作为灵感来源的最初样式而成为拥有强烈自身活力的创意理念。

2 第二章 时装设计绘画

　　现在我们已经获得一些很棒的设计理念，是时候去探究一下时装设计绘画技术了。本章讨论的是如何创建人体时装画——无论是通过简单的折纸的方法还是进行人体写生，你都要尽可能多地在自己的时装绘画里运用不同的材质媒介，看看如何才能够令画面最为生动有效。通过这部分的课程，你将会学习到如何进行仔细的观察，以及如何将你观察到的事物用一种大胆而独特的方式表现出来。

运用多种媒介进行绘画尝试

　　从事时装设计绘画，最重要的原则之一就是必须具备"放松"的能力。通常，一个初出茅庐的设计师会停滞于绘画本身的重要性，他们总是在绘画的表达、发表形式上，甚至只是在如何向别人展示自己的作品等问题上踌躇不前。如此一来，既丧失了内在的主观能动性，个人速写簿里的自由灵动性也会突然变得僵硬而且沉闷起来。

　　我们都可以保留一点个人的自我意识，而时装业也是众所周知的令人生畏的产业。不管怎样，一幅大胆而流畅的时装绘画更像是向他人出售一个概念或设计，而非仅仅是一幅加工过头的、充满羞怯感的图稿。自信心和责任心是一幅设计绘画作品所应当具备的两个基本要素。日常的快速草图练习可以锻炼你的胆量，这也是提高自己的最好的办法。给自己规定一个较短的时间去进行绘画，而每30秒内完成一幅草图是最佳的练习方式。不同的方式和工具也能够对此有所帮助，所以尝试着改变一下画纸的尺寸和绘画的技巧。即使你之后回归到你常用

▼▶ **不同的效果**

　　有关于这些时装插画的比例技巧将会在第九节的内容中进行介绍。注意各种不同绘画工具所产生的不同效果，如油画棒、毡尖笔、水粉颜料和马克笔。练习不同工具的使用技巧是提高你的设计效果图绘画能力的必经之路。

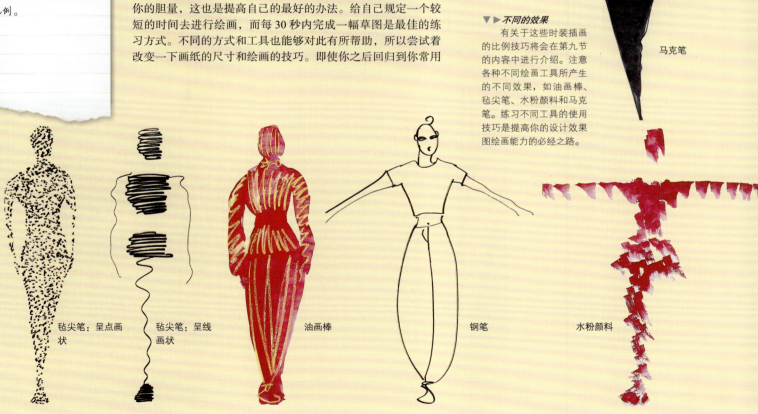

马克笔

毡尖笔：呈点画状　　毡尖笔：呈线画状　　油画棒　　钢笔　　水粉颜料

的方法，这个尝试性的练习还是会给你的画作带来自信以及更加迅疾、流畅的线条。

或许很多这样实验性的方法会注定失败，然而，不要灰心，坚持使用各种各样的工具，如钢笔、墨水笔、水彩、马克笔以及不同的纸张等这些唾手可得的绘画材料。一个有趣的练习就是快速地以一个朋友、杂志图片、照片或自己在镜子中的样子作为绘画对象。要克制住盯着纸面的冲动，低头一鼓作气地完成画作。结果也许会不尽相同，但是你的观察能力将会得到提高。你也可以采取一个完全放松的姿态去进行涂鸦或者乱涂乱画，这个快速的绘画方法将会获得自由和流畅的高质量线条。不要从一开始就过度地关注最后的结果，因为这只是一个学习的过程，速度和准确性在日后必将会被逐渐地提高。

彩色铅笔

工艺刻刀

炭精条

炭棒

色粉笔

马克笔

水粉颜料和水彩颜料

水彩颜料

调色板

电子手绘板

钢笔和墨水

画笔

第九节 人体绘画的练习

如果你之前没有任何绘画的经验，那么，可以首先学会掌握大致的人体比例以及能够画出大小相同的人体——通过这个简单的方法，你的自信心就可以得到大大的提升。这个使用简单的形状和比例关系的方法可以让人体绘画变得容易和正确。此外，通过掌握如何用这些基本形状来组合成一个人体的方法，你在纸张上的表现会越来越好，人体姿态也会更具说服力。为了更好地从事这样的练习，要将人体分解为不同的部分，并且假设他们都是不穿衣服的。

即便是在掌握了这项技巧之后，你仍需要坚持这样的绘画练习作为学习参考。你也可以经常回归到这本书里的内容，但是没有什么能够比通过自己的实

项目

运用一个简单的分割方法来绘制一个人体比例图。在纸上划分出十个相等的单位长度，每一个单位长度都代表了身体的一个部分。这个数字刻度或测量单位是以一个头长作为标准的。基本的形状块型代表了身体的不同部分——这是为了进一步创建时装画而设置的一种简易参考办法。

目标

● 找到一个人体框架结构以加强和释放你的时装创意。
● 练习绘画技巧并为时装效果图概略地画出一个瘦长的人体。
● 理解时装设计绘画中的基本比例和形状。

过程

人体很明显地可以被划分为均等的几个部分。当用一个头长作为衡量的标准或者为一个单位尺寸的时候，这样的划分也就变得容易理解了。和时装本身一样，时装画中的人体比例也是可以随着时间而变化的。在今天人们的共识里，理想的人体比例大约是9~10个头长。如果模特穿的是平底鞋，那么人体大概就是九个头长；但是由于在绝大多数的情况下模特都穿高跟鞋，那么人体就要被进一步拉长为十个头长。当然，这些情况差不多就行了，长度是可以灵活变化的。在绘制人体时，首先，要在一张A4纸的上端标注一个起始点，从这

里向下画出一条垂直直线，大约在距离纸底边1.3cm（1/2英寸）处结束。估测一下垂直线的长度，并且将其划分为十个等份。在垂直线的上面用短横线来标明出每一个等份的起始和终结的位置。

现在你可以着手填充一些形状来创建成比例的人体了。从顶端的第一个标记到第一道短横线之间画一个椭圆形。在第一道短横线到第二道短横线中间的位置画一条水平线，这就是肩膀的位置。在第

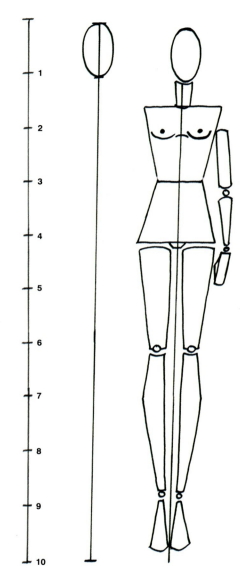

▲ **人体绘画方法**
一旦你已经开始着手将一条直线均分成为十个等份，那么意味着你可以按照标准的模特体形来开始人体绘画。这个练习会让你获得一个正确的人体比例关系。

二道短横线上画出两个小圆点以表示胸高点的位置。两个胸高点之间大约有一个头的宽度。接下来，在第三道短横线上画出另外一条水平线，大约和胸高点之间的距离同宽。将这两条线连接成一个锥形四边形，这就形成了人体的上部躯干。

在第三、第四道短横线之间画出另外一个锥形四边形，形成一个髋部形状。另一个位于臀围线之下的小标记示意的是裆部的位置。在第六道短横线上画出两个小的圆球形代表膝盖。画出圆柱形代表手臂和大腿。

在第七道短横线的位置，两侧小腿略有鼓起，形成了小腿肌肉。在腿的底部画出另外两个小球代表脚踝。画出一个头长的三角形代表脚。

为了完成你的人体绘画，还应当画出颈部位置的圆柱形、手部的修长形状以及在胸围线上画出半圆形。现在，你拥有了一个细长的人体，可以用它来作为你的时装设计模板。

▼ 操作的基本形式

这一序列的人体绘画展示了如何用线条和形状来完成更加正式一点的最终时装效果图。这些人体姿态的基本形状和结构仍然是符合比例划分的。这样的快速绘画值得尝试，人体四肢的转动营造出一种活泼的动态。

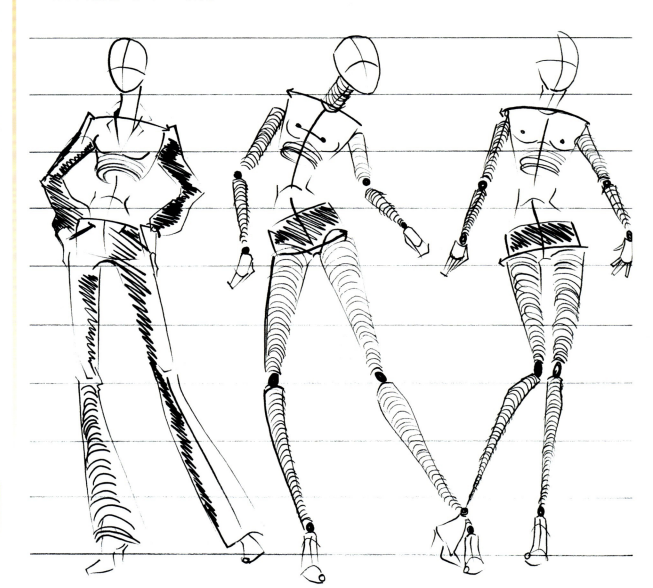

另请参阅
● 掌握人体的比例，第 64 页。

第九节　人体绘画的练习

践获得的记忆更加令人印象深刻了，一旦你已经掌握了本节的内容，你很快地就能够自如地画出人体。

　　虽然对于一个时装设计师来说，努力地追求新的突破或有时摒弃常规手法是必需的任务，但是遵循一些基本的设计原则也仍然是十分必要的。对于设计师而言，无论他们想象力触及哪里，始终不可超越的事实——时装毕竟是要适合于人体的。

　　在时装绘画中，通常会拉长腿的比例，特别是小腿部分，而身体的其他部分比例也要相应地拉长，如此才能够得到一个与腿部相和谐的优美的人体形状。这个简单的绘画方法将在第60页上进行介绍，它实现了一种既时髦又比例正确的人体拉长方式。可以说，人体是时装绘画的基础。当然，常规也常常会被彻底地打破，但是作为一名学生还是应该首先从基础做起，因为只有扎实的基础才能够足以支撑将来的自由发挥。一名设计师也只有在完全掌握了基本规则之后，才能够真正享受创作上的自由。

▶**获得绘画的自由**
　　由于这些人体有正确而完美的比例关系，因此设计师能够借助其充分地强调自己作品的风格特点。如图所示，时装在肩膀、腰和腿处都进行了夸张的处理，由此创建了一个内在统一的外观形象。它们被视作"工作制图"，大约是先画出人体的基本结构，再勾勒出大致的人体形状。而后，再在其上覆盖另一张纸以画出时装的样式。

腰部被夸张地缩小。

腿部被拉长。

▶隐藏的人体结构

这些马克笔效果图都是以隐藏的人体结构或体形模块作为模板而绘制。这个模板以及在其上所进行的进一步绘画被称为一幅覆盖图。一旦人体结构得到确认，覆盖图就可以用马克笔进行渲染，时装的绘画就成为线条的艺术。

双臂被放置在人体的背部侧面，但是它们所处的位置仍然是真实可信的。

腿部的位置显示出裙子的廓型。

借助于人体模板进行绘画的好处就是能够保证膝盖在正确的位置上进行弯曲。

灵感笔记

★ 在绘制人体时给自己找到一种有效的参考基础，这将有助于你去理解人体力学。

★ 时装画人体通常是被拉长的，尤其是腿的部分，但是他们的身体部分还应该保持正确的比例关系。

掌握人体的比例

　　作为一名时装设计师，一定要记住时装是要穿在真人身上的。因此，了解和掌握一些人体的结构和比例是非常重要的。

▼ 人体中的形状
　　简单的形状被用来创造时装效果图人体。头部被描绘成一个鸡蛋形；胸腔是一个锥形的长方体；髋部盆骨是另一个锥形的长方体；四肢是圆筒形；脚和手是方块形或者三角形；而小的球形则代表了骨骼和关节。

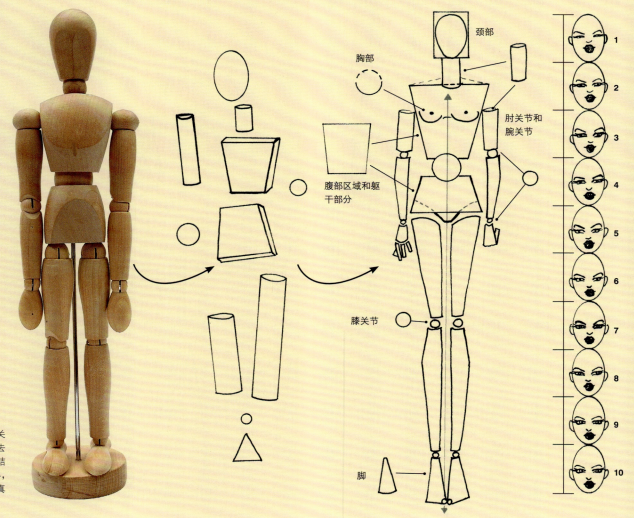

▶ 人体绘图
　　艺术家专用的木质关节人偶模型可以帮助你去理解人体的基本形状，结合第60页所介绍的内容，可以提供给你一个绘制真人体的简单的办法。

颈部

胸部

肘关节和腕关节

腹部区域和躯干部分

膝关节

脚

1
2
3
4
5
6
7
8
9
10

第 60 页所介绍的人体练习方法可以让你掌握一种简单而容易的绘画体系。尽管练习和创造力无关，但是能够帮助你掌握创作的方向——它提供了一种可能性和限制性。

男性和女性的人体有着明显的差异性，女性细腰宽臀，而男性有更加方正的胸腔和脸型。这些差异因素在绘制基本人体时应当被充分地考虑并融入绘画中。实际上，男性身体和女性身体都可以被分解成为相同的简单形状和体块：脑袋可以被描绘成为一个鸡蛋；胸部好像一个纸篓；盆骨的部分是一个宽的体操跳马鞍；四肢逐渐变成细管形；脚和手是锥形；而关节是球形。一旦你已经以相对尺寸画出了这些形状和体块（见对页），你就可以从一个直观的正面角度创建一个木质人偶，并且移动体块以获得你需要的人物姿态。

在时装绘画中有一个惯例是人体通常会被拉长，这样会使之变得更加优雅。虽然大部分的拉长处理是针对腿部（特别是膝盖以下的小腿部分），但整个人体也应当被按比例地拉长。试想，如果保持颈部和手臂原封不动，那么人体的上半身就会显得粗短矮壮。当我们绘制一个女性人体时，优雅和修长是我们的目标，因此通过拉长颈部、手臂和腿部线条以及拉长一点点躯干部分就可以实现这一目标。

当你日后开始描绘真人模特时，掌握这些原则能够令你极大地理解面前的人体力学原理。最好记住这个"规则"仅仅只是一种惯例做法，但它是一个获得人体结构和比例基本概念的绝好途径，你可以在以后的创作中打破这种惯例从而取得更大的突破。

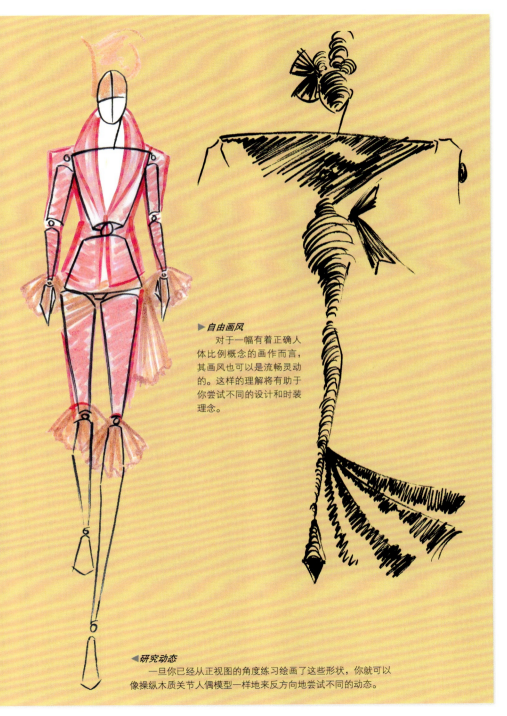

▶ **自由画风**
对于一幅有着正确人体比例概念的画作而言，其画风也可以是流畅灵动的。这样的理解将有助于你尝试不同的设计和时装理念。

◀ **研究动态**
一旦你已经从正视图的角度练习绘画了这些形状，你就可以像操纵木质关节人偶模型一样来反方向地尝试不同的动态。

第十节 日常写生练习

当你在设计时装时，不要过于强调自己的标新立异，必须记住，你将来终究是要为真实的人体所服务的。因此，进行日常的写生练习是一个非常有价值的事情，它能够帮助你清楚地观察并且迅速地评估你所看到的对象。起用一个真人模特意味着你没有必要去凭空捏造，你所面对的只是如何用自己的风格来诠释。

你也许有机会在艺术学校的环境中练习人体素描，但是如果在家里请求一位朋友来充当你的模特，你的绘画能力也照样可以得到提高。这一过程并不需要你的模特打扮入时，正常的日常打扮再加上一点额外的饰品，像帽子、围巾、靴子或者太阳镜就足够了。对于课程导师或者在家里练习者来说值得注意的是，应该要求模特的姿势尽量夸张一

▼▲▶ 写生课
你将会惊喜地发现和其他同学在教室里一起学习可以激发你的积极性和创造力，它将提供给你一种非常宝贵的人体绘画练习途径。

另请参阅

- 人体绘画的练习，第60页。
- 学会善待你的草图，第94页。

项目

花费一天的时间去练习写生——不管是在课堂上画专业模特还是在家里说服朋友为你充当模特。如果你选择朋友帮忙，难免一开始会有一些笑场。但这个不会是个问题，而应该是件很有趣的事情。尝试着在写生时间结束的时候完成15张画作，而每张画作花费的时间应该在2~5分钟。

目标

- 尽量运用你自己的风格来从事这一写生练习。
- 提高快速完成画作的能力，并且学会迅速和仔细地观察。
- 尽可能快地将写生对象画得既生动又大胆。
- 在用图形表示时装时要捕捉其内涵特色。

过程

首先，要花几分钟的时间来用你已经确认的自我风格勾勒出人物姿态以及服装轮廓。胆子要大一点。快速地捕捉动态，你需要在很短的时间内估测对象的本质特征并且画在纸面上。避免使用柔弱无力、磨磨蹭蹭的铅笔笔触，因为那将导致出现充满不确定感的"发丝线"式的外轮廓线。

接下来，试着不要去看你的画，然后用一条连贯的线进行绘画，其间也不需要擦去纸上的铅笔痕

▶**抓取动态**

这些作品是在写生课上绘制的。出于对每一个姿态完成时间的限定，使得这些绘画蕴含了服装的本质特色和强烈的叙事性。如果你没有时间去担心外轮廓的准确性，那么你就更容易让作品变得流畅并且充满着生动的气息。

迹。每过几分钟就要更换一下绘画对象的姿势。你也可以使用一些画笔，只选择 3~4 个颜色即可。用一支宽画笔进行着色处理，以快速的笔触记录下人物姿态。

现在，你可以开始混合使用你的绘画工具。或许可以从用画笔绘制时装，但是从用蜡笔或油画棒去描绘人物的面部特征开始。

记住尽量让每个绘画对象都充满整个画面，并且尽量采用夸张的姿态以增加画面的戏剧效果。有时候要求模特采用不同寻常的姿势是非常有效的办法，无论是坐着、站着或者依靠在某个道具上面（道具部分你可以在画面上表现出来，也可以省略留白——或许纸张的左半部分你希望留作他用）。总而言之，要确保模特的姿态不会干扰你对于自身想法的表达。

自我审视

● 你充分地对模特进行观察了吗？

● 这些姿势有趣吗？

● 这些练习是否提高和锻炼了你的观察技能？

第十节　日常写生练习

些，并且要不断地进行变化。这样会强化画面效果的戏剧性，同时紧跟变化的模特姿势进行绘画可以塑造你对于时装绘画的自觉意识。

对着一个真人模特进行写生，最让人感到刺激的一点就是你必须在每一秒里都争取达到最好的效果。挑战一个时刻在进行变化的人体姿态将会给最终的绘画结果带来自发性的提升。一个大胆的实践可以使任何作品都变得引人注目。

这些人体会充满整个画面，而那些极其夸张的姿态也会给时装画带来十足的活力。自信地运用不同的绘画工具，如马克笔或色粉笔，都将会给一幅时装画速写注入令人兴奋的元素。尝试着捕捉模特的情绪和动态，并且快速地用鲜活、流畅的线条将它们记录下来。

▶ **尝试使用颜色和工具**
　这些时装画通过运用颜色和绘画工具产生了很好的效果。有限的色彩搭配使得轮廓成为表现的重点，使用毡头笔、铅笔和水笔绘画工具。每个人物姿态的精髓都被迅速地确认并落实在画纸上。

◀▼**使用艺术家专用的人偶模型**

艺术家专用的人偶模型会帮助你画出准确的人体结构以及令人信服的人物动态。观察人体的弯曲之处以及身体各部分形状之间的相互关系，从最大的身体形状开始入手进行绘画。了解人体解剖学知识会让你更好地理解身体的构造并且让你所画的着装模特显得更加真实可信。

▲▶**双手放在人体臀部**

身体语言是一个人物传达自身态度和个性的首要因素，也是最重要的因素。当用铅笔为人体添加上色彩和面部细节之后，人偶（见上图）所摆出的"双手放在人体臀部"的姿势立即转化成为人物具有自信和骄傲的特征。

▲▶**引人注目的姿势**

这是一个很难画好的姿势。首先用人偶摆出姿势，然后再画出一些基本的线条来体现这一姿势所隐含的真实感受。

▲▶**走秀**

捕捉模特走秀中的动态——这或许是你必须一次又一次进行的绘画练习。捕捉动态是你成功描画人体的关键，然而这是人偶无法帮助你的，它只会从解剖学的角度为你提供走动中准确的人体细节。

第十一节 数码时装画

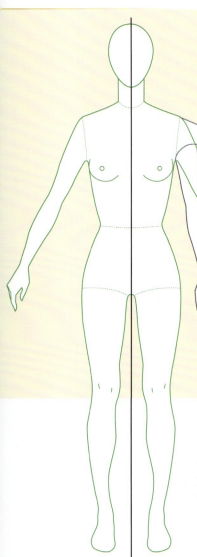

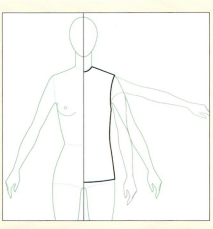

▲ 复制服装部件

1. 使用计算机的一个好处就是许多复制的工作可以轻松地完成，这就为设计师们大大节约了时间。在这里，只需要画出一半的服装，然后通过镜像复制就可以产生一件完整的服装。具体步骤：首先，选中已经画好的一半时装平面图。然后在工具箱中双击"镜像对称"工具，选择"垂直"对称中心轴，接下来按"复制"选项。现在，你就可以移动被复制出来的这一半时装与另一半时装进行对接以完成整件时装的平面效果图。

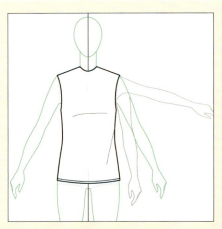

2. 使用"选择"工具选中新创建的一半时装，按住"Shift"键并将其拖动，以创建一件完整的时装。按住"Shift"键可以限制图像仅仅只在垂直或水平方向上进行运动。

▲ 基础人体线描图

你可以借助于一个基础人体线描图来发展你的时装平面效果图。这个人体线描图常被用来作为绘制时装的参考，依此来创建出尺寸和比例都适宜的时装部件。

目前有各种各样的软件可供数码设计所用。在时装设计和绘画领域，矢量绘图软件（例如 Adobe Illustrator）是主要的制图工具。这些软件都有强大而多样的绘画功能。

矢量绘图软件

矢量图像是以两点之间的直线（曲线）作为基础。这些直线和曲线的集合就产生了一个矢量物体。当你听到"矢量"这个词时，你应该想到的是利落而清晰的线条。矢量图形非常节省空间，并且在放大时也不会影响到图像的质量——因为图像细节都被保留了下来。这个软件是运用数学公式计算来扩大图像。它非常适用于制作平面效果图、创建重复的面料图案、生成各种字体以及设计标志等。最常见的就是 Adobe Illustrator 和 Corel Draw 这两个软件。

光栅绘图软件

光栅图像是由圆形或者矩形的小点（叫作像素）集合构成的。在这里，你需要考虑分辨率和文件大小，而它们是可逆的操作。当扩大图像的时候，矩形点以及它们之间的空白处就会变得更加明显，图像因此变得模糊，并且有一个粗糙的边缘。在一个给定的图像中，每英寸有越多的点／像素，

▼▶基本服装原型的演变

你可以用 Adobe Illustrator 软件来修改一件现有的时装平面效果图，就像这件基本的无袖上衣平面效果图（右图），然后再在此基础上创造出新的时装样式。许多设计元素，如衣领、口袋、袖口、袖子和系扣都可以被添加上去，这样就避免了每件时装都必须从头开始画起。这些设计元素都可以被保存在数字文件夹中以便后用。

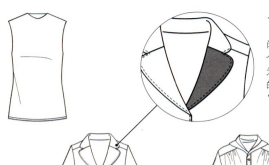

◀封闭的路径

封闭路径是由一条外轮廓线和由之所封闭的形状区域构成的。要确保你完成的是一个封闭的路径，因为如果你愿意，你就可以为它填充上图案或者颜色。但是如果你所画的路径是不封闭的，那么就无法完成后面的"填充"操作。

项目

用 Adobe Illustrator 软件作为你的绘画工具，以标准人体线描图为指导，绘制六套相关的服装。

目标

● 学习 Adobe Illustrator 软件的基本绘图技巧。

● 学习如何将物体对齐和居中。

● 创建一个小小的设计元素库，以备将来之需。

● 在一套服装上应用各种设计元素，创造出独特的设计作品。

过程

1. 用 Adobe Illustrator 软件和人体线描图为工具和基础，画出一件无袖上衣原型。为能够容易地参考人体结构，应当锁定人体线描图图层，将其不透明度设置为低于 100%，具体做法是在"选项栏"里选择降低不透明度。然后，在"图层控制面板"里锁定人体线描图所在的图层。

2. 创建一个新的图层。选择使用工具栏中的"钢笔"工具。打开"外观"控制面板，到"菜单栏"，然后选择"窗口"底下的"外观"选项。将轮廓线内部的填充色选为白色，而面料内部的线和针脚选择为"无"。在"外观"控制面板上，你可以调整路径（直线和曲线）。

3. 添上各种各样的设计元素细节将会让这件上衣变得完整：画出两款领子设计、两款口袋设计和两款袖子设计。

4. 确保所有的作品的路径是封闭的。

5. 点击上衣原型，复制出五个同样的原型，具体做法是：在"菜单栏"上打开"编辑"项，选择点击"复制"选项，然后再点击"粘贴"选项，并且重复操作五次。

6. 在每一件衣服上增加一个你的设计元素。

7. 将设计元素和上衣原型合并组合成为一个整体。具体操作方法：用"选择"工具同时选中上衣原型以及设计元素，在"菜单栏"上选择"目标"项下的"组合"选项。如此一来，上衣原型和设计元素就会合并成一个整体。

8. 你现在应该用一件上衣原型发展出六件不同的服装样式。

9. 将一套制服正视图上的零部件做对齐和居中处理。使用"选择"工具点击选中所有的服装，然后在"选项栏"中选择"垂直对齐"或"水平对齐"。

◀标志图案设计

运用 Adobe Illustrator 软件，设计师可以用干净利落的线条设计出适用于印制在各种公司产品上的标志图案。这些图案可以被放大，因为矢量图像的质量与分辨率无关。

第十一节　**数码时装画**

分辨率就越高，图像也就越清晰，但是随着分辨率的增加，文件所占的内存也就变大。当扫描一张图片或织物面料仅仅是为了网络浏览而用，那么 150 像素的分辨率就足够了；但是如果图像要求被打印出来，那么必须要有 300 像素以上的分辨率。以更高的像素进行扫描不是不可以，但是应用程序或软件的速度就会受到影响，而且较大的文件将意味着较慢的网络上传和下载速度。

　　以光栅为基础的应用软件非常适用于表现织物、时装和着装人体，也很适合创建展示板。最常见的软件有 Adobe Photoshop 和 Corel Paint。

▶快速上色
　　当你的绘画对象拥有一个封闭的路径——譬如这些简洁的时装效果图，Adobe Illustrator 中的"调色板"面板功能就可以为它们迅速地上色。

▶为平面效果图和浮动图进行数码上色
　　你可以用 Adobe Illustrator 软件创建一个含有各种各样图案的面板。它们可以被保存为 Adobe Illustrator 的"颜色面板"，用来为着有相同轮廓的时装封闭路径填入不同的图案，以建立一个设计作品集合。请翻到第 118 页，可以了解到如何创建并应用一个"无接缝"的数码图案。

Royal Jacquard

Printed Silk

Victorian Lace

Snake Skin

Burnout

100% Silk Weber/Brazil

100% Silk Cashmere

50/50% Poly/Nylon

100% Silk Cashmere

▲ 为着装的人体上色

　　Adobe Photoshop 软件在这里被用来为着装人体上色（右图），所用的颜色则是汲取自情绪面板（左图）上的面料小样。在这里，服装上的蕾丝、丝绸和提花织物的灵感来自于维多利亚时期，而现代的轮廓又使得这个系列很适合于今天的女性。

项目

　　试着面向一位特定的目标顾客，创建四张人体着装效果图，并且在 Adobe Photoshop 软件的帮助下为你的时装系列渲染经过扫描得来的面料图案。

目标

● 学习 Adobe Photoshop 中图层的使用方法。

● 调整、修改和重叠图层，以达到预期的织物效果。

● 学习如何将面料定义成为"图案"以及如何使用"印章"工具对时装进行渲染。

过程

　　1. 设计一套系列时装，使其与手绘的人体或人体速写模板相结合。

　　2. 选择 2~3 种面料小样。

　　3. 将你的绘画稿和面料小样扫描生成 Adobe Photoshop 图像。人体画稿的分辨率设定为300dpi，而面料小样的分辨率设定为150dpi。

　　4. 将每一款面料都定义成为"图案"，在需要之处对其进行剪切与清理。具体步骤：菜单＞编辑＞定义图案＞命名图案。

　　5. 将人体图层锁定，这样做可以防止你在这一层上直接对时装部件进行渲染处理。这意味着每一个图层可以独立于其他图层进行调整和操作。

　　6. 将已经锁定的着装人体图层作为你的操作层，在工具面板中点击"魔术棒"或"套索"工具来选择你想要进行渲染的部分。

　　7. 点击"创建新图层"图标内的"层次"面板，将新的图层的"混合模式"更改为"叠加"。

　　8. 从工具面板中选择"图案图章"工具，并在"选项栏"中选择"图案选取"。找到之前已经被定义为"图案"的织物面料样品。使用"图案图章"工具将选取好的图案渲染在需要进行处理的时装区域。

　　9. 为每一件时装都创建一个新图层，并且重复这个过程。

　　10. 修改一个新图层的"混合模式"和"图层样式"，并更改"调整"项（图像＞调整），以使画面达到预期的效果。

第十一节 **数码时装画**

键盘快捷键

在尽可能的情况下要多利用数码软件的快捷功能。在使用 Adobe Photoshop 和 Adobe Illustrator 软件的时候，有许多键盘快捷键功能可以加快设计的进程。当你从事一个长期项目时，因不用再拖动鼠标满屏幕地寻找想要的工具选项或操作菜单而节省下来的每一秒钟经过累积就会成为一笔巨大的时间财富。例如，如果你总是在工具面板的每一个工具选项前都踟蹰徘徊的话，那么快捷键盘就能够让你一目了然地找到适合的选项。使用 Adobe Photoshop 软件时，在菜单下找到：窗口 > 工作区 > 键盘和菜单。在这里，你可以查看和编辑键盘快捷键。而访问和编辑 Adobe Illustrator 软件中的键

使用"画笔"工具来添加白色的水平线条，代表未经染色的纬纱线。

◀▼▶*数码绘制牛仔布*

将牛仔布通过扫描生成 Adobe Photoshop 文件，以获得一个快捷简易的面料文件。随后，它可以被进行"贫穷化"处理，创造出一种被撕裂、破洞、褪色以及缝迹线外露的面貌。

在一个独立的图层上创建一个裂洞效果，它可以被复制和粘贴在其他时装上面。使用"吸色管"工具吸取模特的皮肤颜色作为前景色设置。使用"画笔"工具将肤色添加在你想要表现裂洞的地方。

用"画笔"工具来制造"贫困"或者"起毛"的视觉效果。将颜色不透明度设置为透明的白色。在牛仔裤最易被磨损的位置上进行涂抹。

为什么要使用数码软件？

- 消除密集型劳作，节约宝贵的时间以及消除手工重复。
- 轻松共享，你可以通过电子邮件来发送你的艺术作品副本，或者将它们发布到网络上面。
- 不需要占用物理空间，也无需使用纸张或纸板。
- "删除"和"复原"选项使得数码设计过程不容易出错，并可以创造干净而专业的设计作品。
- 使用"图层"功能可以让你非常灵活自如地同时控制前景和背景图像。

另请参阅

- 创建数码展示板，第32页。
- 数码作品集，第148页。

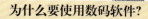

盘快捷键的方法：菜单＞编辑＞键盘快捷键。另外，在互联网上搜索可用的快捷方式也不失为一个好主意。请注意，苹果电脑和普通个人电脑的有些快捷方式是不同的。想要查找快捷方式，这些网站或许会有帮助：http://webdesignerwall.com/tutorials/adobe–illustrator–shortcuts http://webdesignerwall.com/tutorials/photoshop–secret–shortcuts.

数码速写簿

现在，速写簿也可以是数码的。例如，使用一台 iPad 这样的移动设备，你就可以在行进中轻松地从事绘画。艺术家和时装设计师可以在运动的状态下草草地记录下自己的想法——描绘就地得来的灵感，并且用传统的数码软件对其进一步地进行深化发展。和使用传统的钢笔或画笔比起来，一些现代的数码程序本身就具有自相矛盾之处——它们有时显得更为原始和初级，因此效果也就更加的直观：艺术家可以利用一个人体模板进行绘画，或者直接在电子画布上涂抹各种各样的颜色。应用软件发展得非常迅速，电脑设备和移动设备也是日新月异，这里有一些非常棒的应用软件要推荐给

喜欢用 iPad 电子设备作画的艺术家们：ArtStudio，SketchBook Pro，Brushes 和 miniDraw。虽然电脑和移动设备也许会很昂贵，但许多为之而设计的绘画和绘图应用程序却是相对便宜甚至是免费的。

走向未来

目前的设计师可以使用软件程序来绘画出三维的、逼真的时装和着装人体。这些程序从专业人员的角度为产品的真实感提供了最大的可能性，它使得一件时装（一个系列时装）在被送交工厂进行生产之前能够呈现出来最为真实的外观以及整体悬垂性。3D 设计的另一个好处是可以让时装呈 360°地展现全貌，这可比二维设计只能够展示前、后两个外观要先进多了。目前，这些程序的普及是有限而昂贵的，尽管如此，事实表明我们也已经进入了运用数码工具的时代。欧特克公司（Autodesk）所开发的 Maya 软件是一款受到欢迎的 3D 软件，然而，时尚界更倾向于使用专门为时装设计而开发的 3D 软件，例如 Marvelous Designer 2 或是 Lectra。在www.marvelousdesigner.com 上面可以查看到一些用这些软件绘制的图例。

▶ *透视和变化*
这些人物是充满活力和青春洋溢的，在这幅时装画中，各种类型的织物被运用在时装上以打造系列感。随着前景中的人物被放大处理，画面的透视感便呼之欲出。你可以使用"自由变换"工具来重新调整元素的大小，按住"Shift"键可以让你按固定比例改变大小。

第十二节 拼贴画

另请参阅

● 日常写生练习，第 66 页。
● 别只使用铅笔，第 80 页。

作为一名设计师，尽可能地尝试所有能够触及到的绘画工具和渲染工具是非常有必要的。其中一项能够提供极大自由发挥性的技巧就是拼贴画。能够成为拼贴画的媒介材质有很多种，如彩纸、杂志、报纸、面料和带有纹理的特种纸都可以成为理想的选材，而数码拼贴画也不啻为是另一种选择。

运用拼贴画技巧的途径之一就是把它引入到写生课堂上或者教室里。这项技巧非常适用于徒手绘画，或者准备一些裁剪下来的碎片以备即将到来的模特写生，用双手贴画可以很快地捕捉到人物的姿态。配合着现场写生课程，快速而自发地创作出结果。

用数码相机和 Adobe Photoshop 软件也可以创建有趣的数码拼贴画。一旦你找到理想的动态或相关的姿势，抑或时装理念，草图或轮廓线描图就可以用照片图像来进行填充。

更重要的是，拼贴的过程使你专注于形式、颜色和人体运动状态，因此对时装设计师而言，这是一个很好的创作媒介工具。同时，拼贴画增加你的视觉认知，也可以让你的观念摆脱理念的桎梏。

项目

从一堆旧杂志、照片和有趣的纹理纸入手。力邀一位朋友来充当你的模特或者参加一个绘画班，这样你就可以对着模特画出人物草图。然后在图上进行能够表达你自己情绪和能量的拼贴画创作。为每张拼贴画的创作设置一个时间限定——越具挑战性越好。

目标

● 通过使用拼贴画媒介来探索新的抽象理念表达方式。
● 从如何使用一幅图像的预想中跳脱出来，这样会让你的作品与众不同。

过程

收集大量的杂志剪贴和有趣的拼贴材料来为人体写生课程做好准备。首先快速地画出一些具有活力感和冲击感的模特姿态。然后挑选出你准备好的材料，用胶水粘贴剪报或用手撕出形状的方式来填充到你的拼贴绘画作品之中。尝试着画出模特的外轮廓线，并从较大的人体区域开始贴起（例如头、躯干、骨盆等）。针对准备好的材料来拓展你的创造性思维，要结合考虑到不同的颜色、形状和纹理。在时间允许的条件下，尽可能多地画出人体轮廓或者外形。

模特写生课程结束以后，在将这些照片合成创建出一幅数码拼贴画（参见本小节给出的这些图例）之前，你可以用像 Photoshop 这样的软件来将草图扫描成为电脑文件，生成一个人体姿态的集合。

另外一种方法是打印出你的数码照片以及剪切出有趣的形状，然后用胶水画出人体轮廓图。运用你的想象力，创造出有趣的、吸引人的结果。

◀ 创造性的拼贴画
可以剪裁杂志内页，也可以使用包装纸，同样的，面料、贺卡或数码照片也都是理想的拼贴画材料。

自我审视

● 你用正确的方法来填充画面了吗?
● 你是否通过一个有趣的方式来使用不同来源的素材?
● 最终的结果是独一无二和具有自发性的吗?

▼**快速思考**

　　在剪切、撕碎、粘贴或使用数码技术处理各种图像以获得一幅有趣的拼贴时装画之前，要快速地进行模特写生。

第十二节 拼贴画

以不同的形式来探索时装绘画的可能性能够解放时装设计师的思维。尽管使用钢笔或者马克笔仍然是最为常见的绘画方法，但不妨试一试拼贴画——它会带来非常有趣的效果。本小节中的这些拼贴画反映出一个大胆的设计理念：即越是大的图像，构图就越是重要。

易于控制的绘画媒介和数码应用软件可以令拼贴画达到更好的效果。用自然界里的图像来制作拼贴画可以创造一种超现实的感觉。尝试使用各种违反常规直觉的图像，其结果可能是非常引人注目的。

▲ **限制色彩的数量**
这些拼贴效果图中的颜色数量得到了控制和限定，以呼应时装简单的轮廓造型。通过 Photoshop 软件，将人体经过扫描生成数码文件并用照片对其进行填充。

创建拼贴画的过程将
鼓励设计师积极地思
考整体的颜色搭配、
织物类型和时装造型。

拼贴的方法会使
创作主题在一个
又一个意想不到
的颜色和图像的
运用当中变得生
动活泼起来。

图案纸或织物花色可以强
调身体的某个部位，并且
可能激发你将时装的某
一部分进行夸张的处理，
或突出某一个特殊的部
位——如荷叶边装饰。

▶ 创造一种幻觉

　　经过裁剪的照片和不同的素材原料可以被拼贴在一
起，从而形成一个穿着特殊时装的整体人物效果。本页
上的这些装饰元素丰富的拼贴画人物呈现出一种非常有
趣的抽象效果。

第十三节　别只使用铅笔

当一个人在"绘画"时，最易联想到的绘画工具便是一支铅笔——从硬到软，铅笔有各种不同的型号。然而事情总有另外的一面，就像你在第十二节中看到的那样，你甚至可以用从一本杂志中撕下一些碎纸来进行"绘画"。当你展开想象力的时候，没有什么材料限制可以阻挡你实现自己心目中理想的画面效果。慢干型的绘画材料，如油画材料，真的不是很适合绘制时装效果图，但是仍然有许多其他的种类可供我们选择，如彩色毡头笔、水溶性的颜料、色粉笔或这几种材料的混合运用。近年来，在一些设计师看来，电脑鼠标已经变得和画笔或铅笔一样重要。一些绘画材料或许比其他的一些更加适合于你的作画方式，但是除非已经进行了广泛的尝试，否则你将永远不知道这一点。

　　尝试新的工作方式很刺激，也很有趣。它们很值得去进行

◀最佳绘画媒介
　　要根据设计风格、绘画样式和内容来选择最佳的作画工具。透明面料最好用水彩颜料或浓缩颜料来表现。

自我审视
- 你所选择的颜色能够彼此和谐吗？
- 你最后的画稿够大胆吗？
- 这些画稿是否拥有一个核心外观来展现你设计的本质？
- 是否充分地利用了你的不同绘画材料？

另请参阅
- 用粗线条勾勒图案，第86页。
- 学会善待你的草图，第94页。

项目
　　使用一些简单易得的绘画材料，如水粉颜料和油画棒（在这个项目实践中，水溶性的丙烯颜料和色粉笔无法完成任务），限制颜色的选择范围：也许是三种颜色的油画棒和三种颜色的丙烯颜料。围绕一个主题以及不同的色彩外观设计一个包括四套时装的系列产品。确保最终的绘画大胆地传达出了你自己的想法。

目标
- 通过混合使用不同的媒介材质来开辟新的设计方法。
- 如果一个主题可以被强烈地、持续性地描画出来，那么，一个系列作品的绘画会更加具有说服力。
- 不要一次只完成一幅时装画，要通过同时给所有的图像上色来建立一种内在的凝聚力。

过程
　　从本书前面的内容中，你可以了解到灵感来源的范围之广阔，你可以任意挑选一个主题作为你系列设计的主题。将你选择的颜色放在一起，以确保他们能够被很好地组合在一起。接下来，尝试一些新的点子——先用油画棒，然后用沾满颜料的水彩笔在这些油画棒笔触上涂抹。油画棒将部分不会着色，从而形成有趣的对

▲ 收集灵感
　　将不同的布料披在模特身上
然后进行拍照。让这些照片指导
你在进行时装绘画时如何运用形
状和线条。

比效果。
　　然后将你面前的绘
画页面尺寸设定成为
（50cm×75cm/20英寸×
30英寸）。用铅笔尽可能
多地进行绘画，自信地画
出你的设计轮廓。
　　现在，有步骤地运用
油画棒，一件一件地同步
骤地为设计作品上色。要
保持你的专注力！最后，
用画笔上色，要将系列设
计中所涉及的同一颜色
在同一个时间段内一起
完成。

▲ 快速地工作
　　快速地绘画，不要想得太
多。这会增加你笔触上的自信
心，你可以创建一些充满动感及
色彩的令人兴奋的、风格大胆的
人物。

第十三节　别只使用铅笔

反复的试验，千万不要因为屡试屡败而产生负疚感。想要在工作中获得自豪感的心情是可以理解的，但是如果你总在安全的范围内行事，那你只会被平庸的想法所束缚。

　　试着应用和混合不同的媒介材质可以产生出惊人的效果。不同寻常的技术组合给时装画增添了新鲜感和原创性，让作品脱颖而出。通过使用彩色蜡笔和水彩笔可以制造出一个发光的效果。当两种绘画材料都被发挥至极致的时候，时装画似乎"呼"地一下脱离了纸面，栩栩如生地来到了人们的面前。设计稿在落笔之前，首先要对色彩搭配进行选择，然后一点一点地同时将颜色涂抹到效果图上的整个系列之中，如此一来，设计的总体概念就会变得十分醒目和突出。采用这样的方式，所有的画面都会被在同一时间内完成，这样就势必会出现一个强大的整体外观。

◀◀ **充满生机的色彩**
　　在最终的时装画中，初始的颜色构思已经发展成为一种强烈的创造表达。通过在干透的水彩颜料上用色粉笔寥寥地画上几笔黄色的光晕效果，整体气氛就这样被烘托了出来。

幻想主题

▲▶ *统一的特点*
　　精细而完整的线描人物本身已经让这些用水彩和色粉笔绘制的插图具有了内在的凝聚力，而黄色的高光和淡紫色的投影以及一致的色彩配置和绘画工具，就使得这一系列具有了高度的统一感。色粉笔在水彩笔之后运用可以增强画面效果。

▲▶ *奇幻题材*
　　这些幻想主题的效果图是用马克笔、彩色铅笔和墨水笔绘制的。不同的工具可以制造不同的情绪。如同时使用马克笔和黑色墨水笔可以创建一个卡通的效果，而水彩笔则能提供专业的绘画效果。这两种风格都适合表现在这里的幻想中的歌伎形象。

灵感笔记

★ 问问自己，你的画面的首要关注点是什么。

★ 在开始制作之前要先考虑清楚。请确保即将填充的画面是你的主要兴趣所在。不要添加其他不必要的细节。

★ 尝试使用一个有效的人体姿态来展示你所选择的项目。

对画面进行版式设计

在商业环境中，设计师的任务就是负责视觉传达——无论所呈现的信息是以纯粹的绘画形式还是以图文并茂的形式。本书的最终目的就是为了介绍如何以最清晰和最具感染力的方式通过文字及绘画来展现自己的设计思想。这也应该是你在任何工作中所渴望获得的成功捕获客户的方法。

首先用自信的笔触描绘出一个充满活力的形象，要给页面以最大化的冲击力。在绘画时不要在主体周围留下太多的空间。你的作品要充分地反映出绘画对象的内涵所在。例如，如果你的绘画是以服饰品为焦点，那么你就应该相应地突出这些特殊对象——就像对页图中这组以手提包为表现重点的时装插画一样。先用草图来规划安排你的画面和设计是很有必要的，这样做能够确保你的作品主次分明。如果你绘画的重点对象是服饰品，而你却乐此不疲地将模特的腿拉得很长，那么，这种页面设置就是无效的。

值得注意的是，杂乱的画面也会分散他人的注意力。有的时候"少即是多"是一句真理，要把绘画的重心集中在主要目标上。有时候，用水彩笔粗略地描画对象或用大胆并轻松的马克笔进行草图绘制是十分

有帮助的。有一种技巧足以确保你会以超出整个页面以外的视角来从事当前的创作：你可以在画面底下叠加一张白纸，然后就可以超越画面边缘进行创作。这样做可以让你将绘画对象调整到合适的尺寸大小。同样的效果也可以通过在一张比你设想中的画面尺寸更大的白纸上作画达到，完成绘画以后通过裁剪以达到最佳的版面效果。

在规划一个画面的布局时，最好是从顶部开始，一般那里都是模特头部落笔的位置。然后往下挪至页面底部来确定整个人体的位置和长度，这其间始终不要忘记权衡对比和页面边缘之间的关系。你应该努力实现整体构成和页面布局之间的平衡。平衡并不一定意味着均匀或者对称，只是在视觉上不要给人以突兀感就行。成功的布局也应该将突出时装主体作为首要任务。

在时装效果图中，你将会主要在纵向格式上作画，一般按纸张的垂直方向使用，而非水平方向。这样的普遍规则是因为绝大多数的时装画都是垂直性质的。尽管如此，就像我们已经在本书中看到的那样，规则一旦被掌握，你就可以故意去打破它们。正如你所见，本书的版式为正方形，但是跨页之间就可以形成一个横向而宽阔的版式空间。

◀使用你的速写簿

为了完成一个画面，你可以在你的速写簿上先行进行实验和尝试。在最终的版式中，你应当摒弃掉那些不必要的干扰元素而试着对你的绘画作品进行重点的阐述，因此，首先利用一本速写簿来论证你自己的想法是十分必要的。

▶ *双重视角*

在同一张效果图上使用一个以上的人体可以加强人们对于模特时装的印象，但要小心，不要失去你的重点。

▶ *平衡的动态*

这个充满激情的姿势是展现运动装的最佳模特姿态，特别是表现运动裤。例如，分割线、小腿的形状和护膝等这些裤子上的细节，在这个有活力的姿势中都可以得到充分的展现。

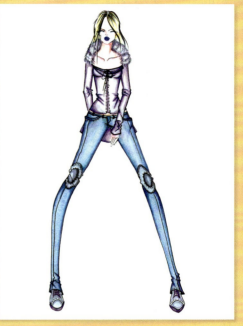

▶ *混合起来*

尝试着在版式中采用不同的人物姿势以保持画面的新鲜感。如果使用的是一个多人组合的方案，那么就坚持使用有限的色彩搭配以确保画面的平衡感。

▶ *保持简洁*

当效果图的表现主体对象是服饰配件（参见最右端图片），那么与之配套的时装最好采用简洁的款式。经过裁切的画面能够直接地将人们的注意力引向你意图展现的物品。

第十四节 用粗线条勾勒图案

一名好的设计师是很擅长沟通的。为了能够去表达自己的设计思想，绘画技巧和绘图者的客观性是其根本。一个好的时装插画师能够通过纸张有效地表达自己的理念。因此，一名出色的设计师通常就是一位出色的时装插画师。

绘制其他设计师的作品所要求具备的技能和绘制自己的设计作品是一样的。尽管如此，时装插画师会理所当然地把他们自身对于时装的设计理解置于作品之中，设计的过程在不知不觉中就已经通过绘画得到了完成。

在这个小节中，你将着眼于绘制时装上面的印花图案和纹样，这样做的目的是让自己近距离地观察时装，然后再将它们在纸上表现出来。你将学习如何有效地使用页面，如何利用数字媒体和传统绘画媒介去模仿那些引人注目的设计，以及如何完成一个强烈的设计阐述。

概略的画风永远都是完成一幅设计绘画作品的最佳策略。微妙的设计一般更加难以渲染上色，因为细微的差别总是让人遗漏和忽略。一种"两眼之间"的不妥协立场产生了显著的效果——

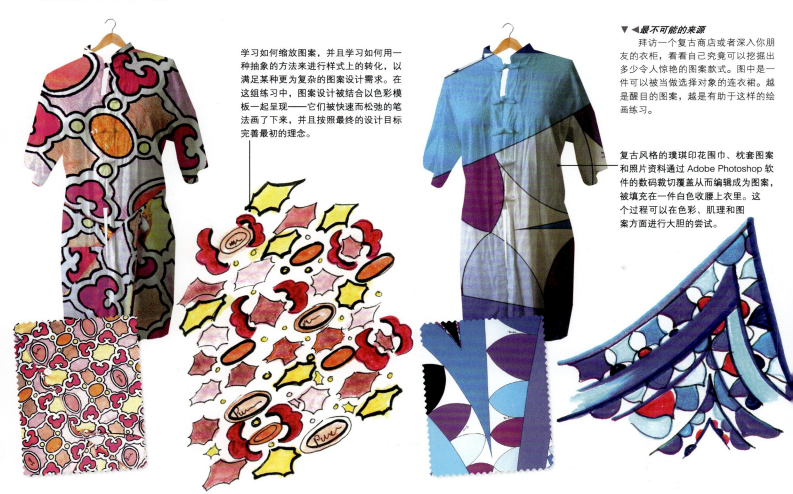

学习如何缩放图案，并且学习如何用一种抽象的方法来进行样式上的转化，以满足某种更为复杂的图案设计需求。在这组练习中，图案设计被结合以色彩模板一起呈现——它们被快速而松弛的笔法画了下来，并且按照最终的设计目标完善最初的理念。

▼◀ 最不可能的来源
拜访一个复古商店或者深入你朋友的衣柜，看看自己究竟可以挖掘出多少令人惊艳的图案款式。图中是一件可以被当做选择对象的连衣裙。越是醒目的图案，越是有助于这样的绘画练习。

复古风格的璞琪印花围巾、枕套图案和照片资料通过 Adobe Photoshop 软件的数码裁切覆盖从而编辑成为图案，被填充在一件白色收腰上衣里。这个过程可以在色彩、肌理和图案方面进行大胆的尝试。

这里所使用的数码裁切覆盖功能可以把图案填充进一件白色上衣的轮廓里。不同的璞琪图案样式可以通过"贴瓷砖"的功能使其遍布在时装上面，然后用黑色的马克笔和彩色铅笔画出图案草稿。

▲▲ *混搭和匹配*
探索如何进行颜色和图案的匹配，如使用马克笔和彩色铅笔的组合。用马克笔或水彩笔结合以彩色铅笔，就可以创造出艳丽的画面效果。要进行速写绘画练习，以尝试各种各样的图案样式。这样的速写绘画练习可以是从侧角度出发的，也可以是仅凭印象的，就像本页上所展示的这些带有尝试性的草图一样。

项目
研究与璞琪连衣裙、时装或明艳的复古图案相关的影像资料。用你认为适宜的绘画媒介画出至少四幅粗线描图。这个主题特别适合于应用马克笔和钢笔，或是明亮的水彩笔和水彩颜料。

目标
● 近距离地观察你所选择描绘的时装。

● 找到一种绘制图案的简便方法。
● 找一个合适的人体姿态来填充画面以及进行有力的设计说明。

过程
去研究那些令人印象深刻的图案纹样——它们或许拍摄于商店里的展示品，或许是从杂志或网络上收集而来的图片。你手边最好有这样的色彩和设计参考资料，因为这不是一个创作练习，而是一个获得绘画技术技能的作业练习。你会发现一种能够忠实地按照样品的颜色和样式进行再创造的方法。尽量准确地重现色彩，并探索如何以不同的方式来表现图案。画出人体着装图并且重点突出图案部分。

用彩色铅笔轻轻地勾勒出初步的轮廓，要用主色调来绘制人体以及袖子、领口之类的结构细节以作为开端。如果需要的话，再给人物加上发型、面容和服饰配件等，如此这般，完成四幅绘画作品。

另请参阅
● 数码印花面料和色彩设计，第114页。
● 调色板，第118页。

自我审视
● 你的时装效果图上的图案是清晰可辨的吗？
● 色彩与最初服装原型的匹配度有多高？
● 你所画的图案看起来和原型一样吗？
● 图案的大小比例是正确的吗？
● 你选择了一个合适的绘画媒介吗？

第十四节　用粗线条勾勒图案

无论是涉及一个强大的轮廓外形，还是充满活力的颜色，抑或是两者结合的产物。这里，璞琪品牌（Pucci）的亮丽印花裙提供了一个绝佳的切入点来演示如何生动地表现图案以及如何最好地利用整个页面版式。璞琪的时装永远不会过时，它们总是有着许多诠释来供你选择。

今天的图案设计师在创作生动的印花图案时通常有着很多的选择。他们经常使用电脑来提升图案的质量或者干脆用电脑制作整个图案以供工业生产所用。在这些图例中，我们使用Adobe Photoshop 软件来粗略地为璞琪的创意理念描绘并且制造出情节串联板，这里使用的是一种数码照片图案裁切技术，或可称其为"贴瓷砖"的技术。然后，我们用马克笔和三菱彩色铅笔忠实地依照其最为突出的特色渲染出璞琪图案。

▶ 强而有力的设计
虽然这款设计中所使用的颜色范围相当广泛，但是强烈的图形感仍然使得这样的表现不至于杂乱。画面的整体效果是非常大胆的。

▶ 另一种视角
由于设计的焦点是图案而不是时装，因此做出了从侧面绘制效果图的决定——有一种观点认为，时装绘画有时候可以不必强调时装的设计感。

▶ *使用半身像*
　　之所以做出以模特半身像的方式来展现，是因为再次将重点放在了图案上。时装和人物姿态补充并聚焦在了强有力的印花图案设计上面，令其得到了最大化的展示。

▶ *惊人的简洁*
　　由于图案是设计的重点，因此时装的设计就要尽量保持简洁。这件时装的利落裁剪方式就不会因为抢夺繁复的花卉图案而喧宾夺主。而印花图案也不能仅仅依仗色彩设计或花型而吸引人们的眼球。相反，它也应该和时装保持一致性和强烈的现实性。

3 第三章 规划与设计

作为一位设计师，不能沉溺于自己的设计之中，而要考虑其商业上的可行性。本章旨在介绍如何创建一个风格统一的系列作品，以及如何尽可能多地去规划你的设计范围。你也应该学会如何从目标客户的角度和特定用途出发来进行产品设计，同时又要考虑季节和预算等限制因素。本章将探索如何有效地将一个色彩配置贯穿于一个设计系列之中，以及如何用面料去塑造你想要的服装轮廓。

创建一个风格统一的系列作品

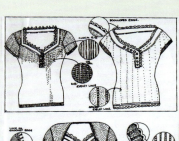

时装设计师发动所有相关的创意理念来设计出一组时装——这样的工作不是单独地推出一套时装成品，而是要创建一整个时装系列。连贯性地使用重要构成元素（例如颜色、形状、图案和比例等）将有助于系列作品的内在风格的统一化。

这种对于创意的系统化的开发能够确保设计者从侧面进行思考以及最有效地运用每一个创新概念。通过实践和经验，你要学会不拘泥于随之而来的第一想法，而是要让自己去产生出更多的相关概念。当你发现自己的想法与最初的出发点渐行渐远并且涌现出越来越多的创意时，你就会惊讶于此。你所创建的系列作品将会具有天生的内在凝聚力，那是因为它们都含有相似及相关的主题，你很快就会发现你自己正在创造的是一组风格相互和谐的服装系列产品，而非彼此独立、毫无关联的时装单品。

在这个过程中，一个重要的因素是如何在纸上进行自由的思考。这意味着你要在一种放松的感觉中顺应自己的想法画出一系列的设计图稿。你必须学会热爱你的草图！一张空白的纸往往蕴藏着惊人的可能性，对于初学者来说，从与之相关的表象入手进行草图的绘制是很容易的，而实际的设计过程才是第二步。通过实践，你将会越来越自信，而且会更加轻松地涌现出那些令人振奋的创意思想。要记住，你所需要的只是不断地推进自己的想法，而不是试着去创造一个杰作。你的草图是否趋于完美——这无关紧要，它们仅仅是为了你的目的而作，无需被其他人进行评价。最重要的是这些草图能够在你进行工作的时候不断地提供给你思路。在剪贴簿

▲ 在思维的宝库中绘画

将时装的各种细节设计收录在你的速写簿里，并且按主题应用在一组时装当中以建立一种自然统一的系列感。

▼用"平面"工作

用平面时装轮廓的方法能够帮助你发展相关的思维以及构建一个统一的系列作品。

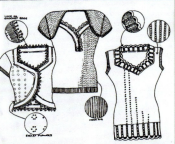

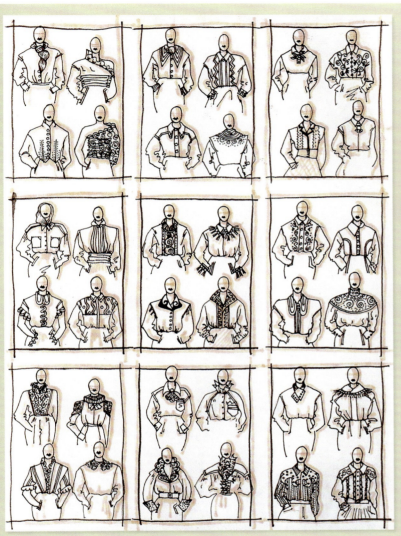

上更多地使用非正式的绘画媒介或许会有助于你轻松地绘制草图，并且可以把绘画的理念和杂志剪贴结合在一起使用。你应该随身带着一个笔记本，可以随时草草记录下那突如其来的创意思想。久而久之，你就会发现哪种方法最适合于自己了。

▲ *在纸上自由思考*

这页草图提供了一个在纸上进行设计规划的案例。不必担心你最初的草图画得又快又粗略。

▲ *混搭*

贝蒂·杰克逊（Betty Jackson）的这一系列作品由一些不同的时装构成，其中包括晚礼服、日装和外套，这证实了设计师是如何通过一个统一化的整体外貌来达到系列作品之间的相互和谐的。

第十五节　学会善待你的草图

是时候开始像一个设计者一样思考了！你越放松，越不去关心他人对你草图的反应，你的作品就会呈现得越好。记住，你目前不是在绘制最终的效果图，甚至还没有开始与其他人分享你的思想，你只是简单地在纸上自由地进行思考而已。如果你会因为空荡荡的白纸而感到气馁，那么不妨试试草草地罗列出那些最先涌入脑海的词语。你或许会用到"丰满的""精致的""阴柔的"或者"柔软的"这样的辞藻来吸引你的目标客户，同时也将以此作为为他进行时装设计的依据。这样的处理将会降低绘制草图的难度。你的初稿可以画在人体上，也可以只画出比例精确的时装平面结构图。

草图的创作是设计过程中一个重要的部分，特别是当设计者想要给系列作品以一个统一完整的感

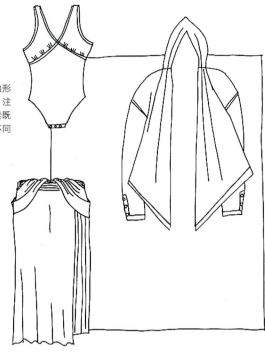

▶形状的多样性
　首先，以"平面图"的形式画出大量的时装款式。注意，你的目的是创造一整套既有着内在统一性，又有着不同外在类型的时装系列。

项目

选择设计主题，并且绘制一些初步的时装构思，要着重考虑是什么促使你进行研究。精选你的研究对象。

用一张设计便笺，挑选最重要的想法并且推进发展它。追溯你最初的

另请参阅
● 规划一个系列产品，第98页。
● 客户至上，第104页。
● 款式结构图，第130页。

视觉思想来绘制出一系列的设计效果图，每一次绘画都要更新其中的一个元素。这样，最终的结果会在同一主题下产生一系列的变化。

目标
● 创造一整套的理念作为构建一个系列作品的基础。
● 利用草图来扩展你的立足点。
● 避免平淡无奇的设计，发展出属于你自己的独特风格。
● 评估你的作品的创意思想的同时，进一步发展

其中最强的设计点。

过程

认真思考你的立足点，考虑它的颜色、肌理、形状、图案和象征意义。草草地在纸上记录下一些想法，像画速写一样写出一些词语。更进一步发展创意思想的优质部分，可以在便笺纸上画出一些初步的草图。更薄一些的便笺纸会让设计稿更加容易被追踪，因为可以一张摞在另一张上面进行描画，但也要注意不要落笔过重，因为颜色可能会穿透纸张而渗漏到下面的

草图上。撕下一张草图并把它垫在新的白纸下，对以前的设计进行改进。逼迫自己绘制出大量的想法，每画一张就改变其中的一个元素，一步步地画出一系列相关的服饰类型。现在，你已经开始像一个设计师那样思考问题——因为你已经在创建一个具有统一风格的系列作品了。

首先画出大约20张构思草图。随着工作的深入，千万不要忘记最初的想法。将草图依次排放在一起，进行评价和分析（必要时将它们拍摄成照

片后再依次排列），为你的作品集挑选出五个最具代表性的创作灵感，然后把它们作为一个系列进行整合处理。这些草图将为最后的设计奠定基础。

◀▼**在人体上绘画服装**
将"平面图"变成人体着装效果图,这有助于更清楚而准确地考虑比例和时装的层次感。

▶**分层绘制效果图**
用便笺纸画出人体着装效果图,或是如图所示,仅仅只画出平面效果图。在完成一个设计的基础之上,继续创作下一个,在保证持续性地输出创意思想的同时,也要确保服装的外形轮廓之间有着某种关联性。

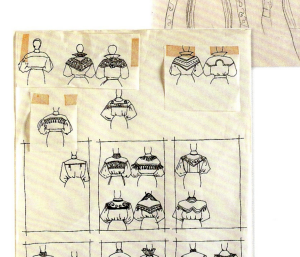

◀**从各个角度进行考虑**
记住如同从前视图考虑设计一样,后视图同样可以激发创意思维。

自我审视
●你是否确信以一种无所顾虑的方式记录下了自己的想法?
●你是否依照自己的出发点创造出了独树一格的设计作品,而不是仅仅只是简单地画出来而已?
●你是否从你的草图中挑选出了最好的想法?
●你所选择的五张草图是否具有内在的统一性?

第十五节 学会善待你的草图

觉时。草图是将所有相关的创意思想落实在纸面上的环节，只有经过了这个步骤，才能客观地评价所有的草图，以及决定在一个系列作品中什么样的搭配为最佳选择，而后才能决定接下来需要做些什么。一张成功的草图不仅有自己的思想而且还有他人的观点，因为两者拥有某种共同的设计主题。

　　这里所展示的设计效果图清晰地表明彼此之间有着共同的细节处理和轮廓外形——即使它们各自都是有趣而独特的时装单品。在草图的基础上来提炼思想可以确保在设计过程中防止系列作品的衍生和重复。

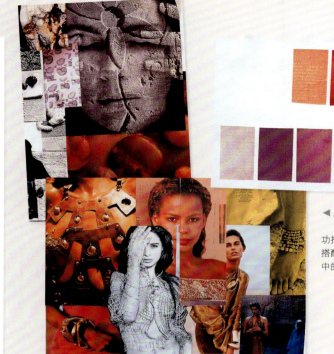

◀◀ 基础的创造
　　一般说来，创意想法的成功推进关乎一个强有力的色彩搭配及情绪板的设立，就像图中的亚洲主题这般。

◀ 初步的想法
　　这里的草图只是用来确定轮廓和比例，细节的修饰会在随后的过程中进行。

▶ 最后的创意
　　最后的效果图既要反映出西方时装的流行形制，同时也要保留最初草图中所设定的亚洲风格的细节处理。

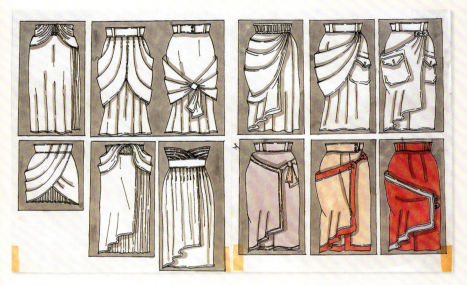

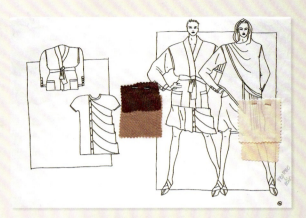

▲ 多样化的提议

　　一个创意——如柔软面料的悬挂效果，就可以被以多种的方式运用在形状相似的时装上面。

▼ 共同的主题

　　在这些草图中，时装已经有了一个统一的系列感——暨亚洲风格的外观和设计主题，如那些缘饰和装饰细节处理。

▲ 图案、颜色和轮廓

　　通过面料的图案与颜色以及向外扩展的服装轮廓，这些效果图已被赋予了一个统一的感觉。

第十六节 规划一个系列作品

"Range"和"Collection"这两个单词经常作为"系列"一词来互换使用，在时装工业中，它表示该流行季内每一位设计师所呈现的服装作品集。其中，"Range"一词所蕴含的商业指征更为具体和专业。"Range"规划需要考虑你的设计是否能够满足一个完整的衣柜搭配系统，能否令上衣、裤子、连衣裙、外套等不同类别的时装保持一种平衡的整合状态。当你看到你最喜欢的设计师在专卖店里展示的那些时装时，你就能体验到何所谓"系列设计"了。时装的新颖性和流行指标固然重要，但时装专卖店还需要向其客户提供多种选择的时装类型以满足不同的替换之需求。

有时候，客户会概要地向设计师要求一个特定的系列产品设计。举例来说，可能是一件泳装、婚纱或晚装系列，而这一系列中的搭配需求或许仅仅只通过极其简短的口头摘要来进行表述的。如果你

▲▲选择

当拜访你所喜爱的时装店时，观察他们是如何按照一个可行的混合搭配系列方案来选择时装类别的。每个系列都是一个关于整套时装搭配的产品规划。图中设计师贾斯珀·康兰（Jasper Conran）所展示的是一个系列晚装作品，它们因为共同的颜色、形状、面料处理方式和轮廓线条而彼此相互和谐，从而成为一个系列产品。

项目

开展第一轮有关于系列日常装的头脑风暴，无需过于担心草图的面貌。然后绘制出你认为可能适合的系列时装样式，并考虑它们如何能够作为一整套时装被穿戴在一起。最后，选择最佳的系列组合绘制成八套时装效果图。

目标

● 选择适合的设计单品并将其结合成为一个系列产品。

● 给系列中的每一件单品都提供一个好的选择。

● 设计一个本身就很好看的系列时装，同时要求它也能够很容易地就和不同的其他套装进行混合搭配。

过程

通过本书的项目实践，你对自己绘制效果图的信心应该大增。此外，你只需要草草地记录下不断涌出的想法即可，而无需担心画面的效果——因为你根本不必向别人展示你的这些效果图。在这个阶段没有严格的计划，而仅仅只是对一个日装系列构成方式进行思索的思想流露而已。

如果你已经完成了以上的步骤，那么请重新考虑你最初的想法，这时该探索如何将它们作为一个系列而被结合在一起了。尝试去精选一些单品时装，如短裙、长裙、裤子、连衣裙、上衣、外套等。时装之间应该是可以互相搭配的，因此，它们既可以被当做"系列"存在，也可以被当做"单品"存在。按照你的计划，用草图作为备忘录，甚至在你的笔记本上画出参照用的网格，并列出可能的时装组合。然后，铭记住上述几点，选择你想要包含在自己系列产品中的设计单品。最后，绘制完成八套时装效果图。

▲▶所有选项

你可能会想要通过草图罗列出每套时装的单品构成来规划你的产品系列。然后你就可以交叉参考每一套时装的组件以确保你对于时装所做出的每一个选择都是符合这一系列产品的要求的。

▲▶考虑细节

仔细考虑每件时装的结构性和完成度，以确保你已经在所设定的系列产品里做出了最大范围的选择。

自我审视

● 你创建了一个具有内在统一性的时装系列吗？

● 所有的时装单品能够在系列范围内被很好地进行混合搭配吗（而不是仅仅作为你已经完成的套装效果图中的某个部分）？

● 在销售你设计作品的时装店中，顾客会选择到合意的时装类型吗？

另请参阅

● 创建一个风格统一的作品系列，第 92 页。

● 学会善待你的草图，第 94 页。

● 场合、季节和预算，第 108 页。

第十六节 规划一个系列作品

被要求设计晚装系列，你可能会想到一个包括大量时装的作品集合——就像范思哲（Versace）的晚礼服系列那样。系列产品完全可以接受将你的时装设计偏离成为某一类型——只要是基于客户的需求。

系列产品的规划目标应该是吸引客户尽可能多地购买设计单品——实现这一目标要比看上去的复杂得多。就如本页图中所示的这个初秋现代职业装系列，其所包括的时装单品就多种多样——它们既可以被相互搭配穿着，也可以被单独穿着。这里的系列产品效果图提供了一个很好的时装精选案例，时装在被清晰地整合成系列的同时又避免了不必要的重复。

目标客户的年龄层也会影响到设计概念、面料选择和结构样式。这里所展示的系列产品规划是以时髦的职业女性作为消费对象，或许适用于一个更加具有现代预算意识的消费者。

◀ ▼ *搭配是关键*
每个系列产品被划分成为不同的组群。3~5组形成一个系列。由每一位设计者和制造商决定什么是系列产品的主要特征。

一个职业装衣柜可能会包括一个系列产品内的若干短外套和短裙，也可以是一个成组的设计。然而，为了吸引目标客户，它仍然有义务提供其他的一些选项以提供能够自由穿搭的时装单品。

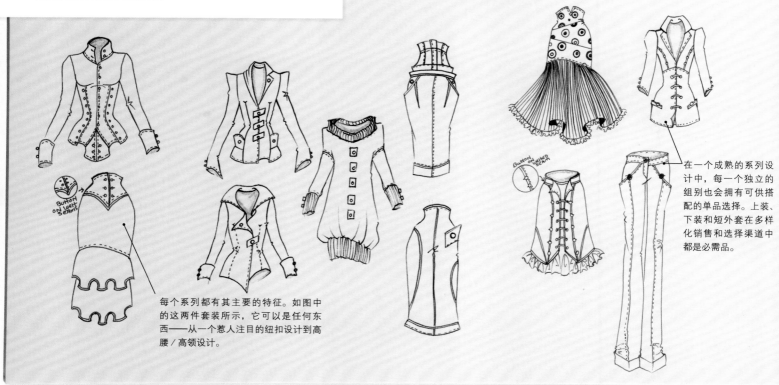

每个系列都有其主要的特征。如图中的这两件套装所示，它可以是任何东西——从一个惹人注目的纽扣设计到高腰／高领设计。

在一个成熟的系列设计中，每一个独立的组别也会拥有可供搭配的单品选择。上装、下装和短外套在多样化销售和选择渠道中都是必需品。

▼ **一个成熟的系列产品**

　　如果有可能，不妨试试将一个系列中的所有时装单品进行混合搭配，从而在不影响整体效果的前提下创建出新的套装组合。

灵感笔记

★ 了解和掌握你的目标市场至关重要。

★ 记住为了迎合概要所提出的目标，你需要在你自己的个人化风格和客户需求之间寻求一个平衡。

★ 在开始设计之前，请仔细考虑预算、季节和流行趋势等因素。

▶ **目标市场**

　　在舒适区域以外仍然能够保持设计能力——这点对你来说非常重要。许多类型的目标市场（大码时装市场）都为初露头角的设计师们提供了发展的机会。

如何依据概要进行设计

　　作为一名时装设计师，你的心中始终要持有一个"客户"或者"目标客户"的概念。你不能自我放纵或者只是按照自己的口味进行设计。你会发现，所有著名的时装公司都有其自身的独特风格，它们反映的都是设计师的人生哲学。

　　设计概要受到各种相关条件的限制，在你开始设计之前，最好对它们一一进行确认。例如，你的预算将取决于时装产品的最终售价。在时装工业中，普遍会为一个系列产品中的所有时装单品建立起一套严格而合乎逻辑的价格体系——例如，一件上衣背心的价格总是比一件长袖时装便宜——而你的设计也应当体现出这一规律。一件经过高度修饰的时装往往会有一个高的附加值，但前提是设计师必须确认客户愿意支付这部分被增加的价格部分。

　　你还需要确保你是按照即将出现的时间与季节来设计合适的时装产品的，并且你的工作应该是和每一季的流行趋势预测相符合的。

　　另外一个很重要的因素是你的目标客户的类型。在开始每一次设计项目之前，你都应当为那些可能会穿着你的设计作品的人建立起用户资料。设计师们会把这种存在于想象之中，抑或是实际生活中确有其人的人物称作"灵感客户"。你可以通过从杂志照片中选择一些形象来作为你自己的"灵感客户"并展示给你的客户看。你需要考虑性别、年龄、经济状况、生活方式、职业状态以及其他任何有可能影响到时装选择的因素。你的"灵感客户"的生活状态是怎样的？他喜欢在周末或晚上做什么？他生活在什么地方？这些问题的答案将有

助于你建立客户档案。

正如设计师视目标客户为他们的工作重心一样，零售商也会建立起属于自己的目标市场。每个市场可以迎合许多种生活方式，而每个零售商都会瞄准多个市场。对于一个大型零售商而言，期望一个 18 岁的人和一个 80 岁穿同样的时装是错误的——尽管这两个年龄段的客户或许真的会在店内购买相同的时装。对两者的生活方式做一个清晰的认识，以及认清他们各自所代表的市场，这样才能确保为他们生产出的时装产品是合适的。

▲▶ *了解你的"灵感客户"*

了解你真正的服务对象的内心感受是十分重要的。从杂志上收集一些虚构中的客户形象并且绘制一些设计草图以真正地去"了解到"你的灵感客户。

▶ *广大客户的吸引力*

要始终瞄准广大客户的吸引力，这里所展示的现代牛仔装会吸引不同生活方式的人。

第十七节 客户至上

作为一个时装设计师，你需要培养自己对待工作的热情与激情——哪怕这个项目从个人角度上并不吸引你。仅仅从事自己所喜爱的设计项目是远远不够的。从这点来说，时装设计师是不同于艺术家的，他们要时刻将客户需求放在心上，因为客户才是最终为时装买单的人。这是作为设计师的自我挑战——尽量满足客户的要求，而留给自我放纵的余地则几乎没有。

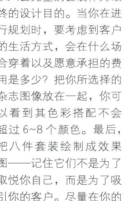

项目

从当前流行的时尚杂志里挑选出广告中富有特点并看上去很有趣的人。广告中的人物往往会让人们联想起某种令人憧憬的生活方式。恭喜你，你已经刚刚遇到你的最新的客户了！在本小节中，你将针对这个人设计八套系列套装。

通过选择与以往十分不同的客户对象进行设计来挑战自己。

目标

- 学会探索客户的生活方式。
- 为系列产品设定目标。
- 锻炼除了个人喜好以外的工作能力。
- 在你的作品集中增加一个风格迥异的趣味性项目。

过程

从你翻阅的时尚杂志里发现一个有趣的人物影像。尝试着去为你通常不会想到的对象进行设计：如一个不同性别或者来自于不同年龄层的人。杂志广告会是很好的工作伙伴，因为它们通常会通过人物的外型特征来设定与之相关的某种生活方式。

首先，草草地用文字记录下有关你所选择的顾客资料。他多大年纪？他在哪里生活、工作和度假？这个人是否富有？开什么样的车？他读什么样的报纸？你的客户会在什么场合/地方穿着你的设计？如此这般，为你的新客户建立起一个完整的生活方式档案。

接下来，你就可以开始规划你的系列产品了，以八套完整的套装作为最终的设计目的。当你在进行规划时，要考虑到客户的生活方式，会在什么场合穿着以及愿意承担的费用是多少？把你所选择的杂志图像放在一起，你可以看到其色彩搭配不会超过6~8个颜色。最后，把八件套装绘制成效果图——记住它们不是为了取悦你自己，而是为了吸引你的客户。尽量在你的工作中保持热情并以专业性为骄傲，尽管或许它并不能代表你自己的品位。

▲ 勇于尝试

当在选择潜在客户的图像时，你要进行自我挑战，去选择那些着装风格与你之前所擅长的设计十分不同的对象。

另请参阅

- 如何依据概要进行设计，第102页。
- 场合、季节和预算，第108页。

自我审视

- 你有没有真正地挑战自己所选择的客户？
- 你能否不仅仅局限于只设计你自己喜欢的时装风格？
- 你是否能够始终保持热情，哪怕你正在从事的设计风格并非如你所愿？
- 你是否满意于你已经完成的一件有趣的设计作品？

▼▶ *适当的创意*
　　在这些设计中的轮廓以及面料的使用一贯性地指向品位比较保守的客户。一定要保持调查客户生活方式的研究策略以作验证：你的创意真的能满足对方的需求吗？

▲ *个性化设计的搭配*
　　一些性格外向的客户或许会启发你创造这种风格：夸张的动作和比例，以及大胆的轮廓和面料。

◀ *陈述*
　　你的陈述应该反映出客户的概貌，图中的设计和陈述都指向了年轻且性格外向的客户。

第十七节 客户至上

　　在输出自我意识和取悦消费者之间，设计师总是希冀寻求到一种微妙的平衡感。好的设计和能够吸引一名设计师的设计有时纯属两码事。就像这里所展示的这些时装效果图一样，成为一名成功的设计师无关于你在纸上画出了多少令人炫目却无法穿着的时装，而是关乎你是否将时尚感和原创性引导向了以目标客户为中心的产出上面。

　　对于一名设计师来说，建立目标客户档案是十分重要的。这将会影响到一个系列产品的方方面面，包括面料、颜色、价格，时装的正装属性或休闲属性以及风格的表达。时装之于人们的意义已经远远地超过了保暖这个基本功能——它已经成为代表我们个人感觉的重要符号。理解客户以及客户的愿望就意味着你已经了解到他想要传递出什么样的个人信号。一个成功的系列产品能够很好地构建并反映出这些信号，同时它们对于消费者来说也是安全的。

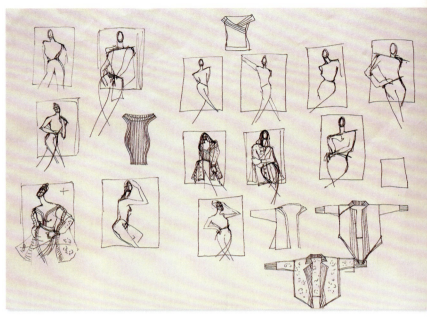

▲ *集中的草图*
　　一旦选定了客户的生活方式，就要通过草图来探究最初想法中有关于"时装究竟会在什么时候以及什么地点被穿着"的问题。

▶ *选择的过程*
　　首先选择最初想法中的精髓部分进行进一步的细化。这些针织衫设计非常受那些喜欢舒适宽松日常时装的目标客户的青睐。

◀▲ 适合的面料

客户的生活方式应该体现在面料的选择以及服装轮廓上面。面料是否易于护理，是否具有舒适的包裹性、弹性、经济性和舒适性——这些都是很重要的参考因素。

▶ 正确的合体性

设计的合体性也是与生活方式休戚相关的。时装可能被设计成紧身合体型或者是更加偏重于舒适和随意的类型。

◀ 有针对性的陈述

对于商业性设计而言，一个简单明了的陈述风格通常是最行之有效的。

第十八节 **场合、季节和预算**

▼ ▶ *特定的最终用途*
泳池穿着的泳装趋向于采用性能面料和运动装色彩；而沙滩装则更加放松，其特点是经常使用俏皮的图案，如鲜花或动物图案。

现在，你已经开始了解到你的客户的生活方式和需求，下一步是进一步地完善你的研究并让系列作品更具针对性。一个商业型设计师往往会针对客户生活方式中的某一个侧重面进行创作——或许是晚礼服系列、内衣系列或者泳装系列。同样重要的一个参考因素是，你的系列作品将会出现在夏季还是冬季——因为这显然会影响到对面料的选择以及对时装风格的塑造。客户的预算是另一个重要因素。如果他们根本负担不起费用，那么即使创造出来完美的时装系列，于你而言也是没有任何效用的。此外，一位有很高要求的客户通常希望能够借助于时装来向外传达出他们的身份及财富状况。

▶ *夜生活的选择*
女性客户可能要求晚礼服给人以富有魅力和成熟的印象，而男性的正式服装往往更加肃穆。记住随时要参考你关于目标客户的生活方式调查结果。

项目

在前一小节所进行的最后一部分基础上继续建立客户档案，将重点集中在某些特定的方面。同时也要考虑客户会在什么季节穿着你设计的时装，以及客户对此的预算。画出你草拟的想法，不时地停下重新审视这一初步研究。然后完成八件针对目标客户的时装系列效果图。

目标

● 把你的研究向着探究客户生活方式中的特殊一面更迈进一步。

● 设计的时装满足他们的最终用途。

● 考虑季节和预算。

● 把你的灵感创意变成有针对性的商业产出。

过程

回过头来看看在上一小节中你的那些有关于目标客户生活方式的调查研究。使用文字描述或从时尚杂志中寻找图像，不断地来构建和丰满故事情节，这个时候，要将研究进一步向特殊的方面推进，如体育活动或节日活动，或某些特殊场合（例如聚会或者婚礼）。时装

应该是正式的还是非正式的？你正在使用的面料是否适合于特定的要求和用途？以运动装为例，其所采用的服装面料不仅要经受得住极端环境的挑战，还要能够经受得起反复的洗涤。

季节也是必须考虑的因素。例如，面料是否足以抵挡冬日的寒冷？或是你需要采用层叠式的设计方案吗？你的创意可以运用在不同季节的时装设计上；春季系列里的绸缎外套廓型可以被挪用到冬季厚重的羊毛外套上，或者把柔软雪纺上的刺绣挪用

▼▶ 技术的创新
开发运动装的成本是非常昂贵的，因为这些时装的专业性能很强，常伴随着高科技面料的研发。

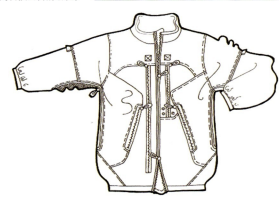

▼ 使用特殊的面料
运动装必须具有拉伸性与合体性，还要易于清洗。运动面料的伸缩性能也让它成为孕妇装设计的理想材料。

▲ 客户的需求
新娘礼服应该在婚礼这天让新娘抢尽风头。

到厚重的天鹅绒面料上。
你的时装的最终售价也取决于它们的制作过程。它们是否需要大量的手工制作？是否采用了昂贵的面料？时装是否需要干洗？你的客户会愿意为此买单吗？在生产过程中，这些因素都会不断地被重新审视，如有必要，

时装的风格将会被进行修改，以确保设计是在一个可接受的价格范围内展开的。
再一次，依照细分后的客户调查资料来审视你的创意。你能想象你的客户以你希望的方式来穿着这些时装吗？最后，完成八套时装的效果图。

自我审视
- 你是否已经真正地走进了你的目标客户的内心以及以及了解他们的生活方式？
- 你所设计的系列作品是在你的研究基础上形成的并且远离你自己个人化的品位吗？
- 回顾你的研究，你能想象你的客户穿着时装在现实生活中的模样吗？
- 你的最终设计真的适合于场合、季节和预算吗？

另请参阅
- 创建一个风格统一的作品系列，第92页。
- 规划一个系列产品，第98页。
- 客户至上，第104页。

第十八节 场合、季节和预算

对于一名学生来说，从一开始就被赋予一个严格的先决条件是错误的训练方法；本书所强调的是用研究来激发出思想的火花。事实上，创造力一旦开始涌动，它可以被引导成为一个商业成果。时装成本对客户来说是一个特别重要的因素，然而关于这一点却常常会被学生们忽略掉。设计师出售他们的时装设计：但是如果他们所给出的价格过于昂贵，那么设计作品很难被购买。如果钱不是问题，那么任何人都能设计出美丽的作品，也正是基于这一点，在有限的预算范围内找到最佳创作方法的人才会被视作天才设计师。

这里的设计效果图展示了来自目标客户的一种强烈感受，以及何时何地他们会穿着这样的服装。系列产品时装具有可信度，因为它们是经过了深入研究的产物：它们既时尚新颖，同时也符合客户和季节的需求，并且其售价也是可以令人负担得起的。

▲ **彻底的研究**
面对一个特定的场合和客户，设计生产工作可能会要求编汇一个新的、更具有针对性的情绪板。

◀ *现代的运动装*
所有这些时装都适合于一位成熟而精致的女性客户，并且它们都能以不同的方式进行穿着——如既可以当做职业装，也可以当做都市日常装。

▲ **特殊的要求**

　　某些运动项目所采用的功能性运动装或许具有一定的特殊性和用处，可能在面料和设计上也有着技术性的要求。这里以骑马装为例，它既要耐用并能够保护穿着者，同时在比赛期间也要突出穿着者优雅和精干的气质。

▲ ▶ **不断变化的需求**

　　这组为当代年轻人设计的项目有着独特的流行感，非常适合于高端的现代运动装市场。这些年轻的客户可能会青睐于更具身体意识的时装，多形态的（能够从早穿到晚）时装，甚至具有多功能性的时装，如 T 恤衫既能够在上班时间内穿着，也能够作为锻炼时穿着的时装。

色彩和面料

★你的设计是针对哪个季节？色彩搭配和面料类型往往依据一年中季节的变化而改变。

★你的面料都有什么样的性能？相较于一块轻薄而悬垂的面料，一块温暖并厚重的面料将会给出完全不同的轮廓造型。

影响你的设计作品的两个主要因素就是色彩和面料。相同的服装轮廓如果经由另一种色彩或面料进行改造，将会得到完全不同的效果。

调色盘里的色彩会随着季节的不同而改变。不只是个别色彩在"流行"与"非流行"之间徘徊（例如褐色变成了某款"新黑色"），就连颜色的深浅也在微妙的变化行进之中。每一位设计师都需要了解下一个流行季的色彩趋势。时尚界会将这些资讯通过贸易展览、时装网站以及杂志传递给大众——就像每一季时装商店里陈列的那些色彩系列产品一样，这一切都如同被施以某种魔法。愤世嫉俗者可能会认为这是时尚产业刺激消费的聪明方法，它可以让消费者冲出去购买属于冬季最新款的红色裙子或粉色套头衫。但事实上，这样的发展其实也属于一个自然的过程。时装的变迁正是反映出了人们是如何看待自己及其周围的世界的，正如主题和灵感的来来去去，这一点也同样反映在调色板中。面料的选择也具有周期性的变化，某款面料的时兴与否究其原因也是与不同面料有着不同的性能表现或温暖度有关的，而这一切都离不开对季节因素的考虑。

时装的面料和轮廓之间密不可分。你所选择的面料垂感和性能将会直接反映在你设计的时装外观上，你

▶三维空间的思考方式
你应该在创作过程的开始就充分地考虑到面料在人体上的性能表现，因此你可以把所选择的面料披挂在人台上进行实验。

▲▶ 进行来源匹配
首先，你可以尝试在画纸上画下你所想要的颜色。然后，你可能会试着将面料染色以得到准确的色彩的深浅度。汲取自这幅绘画作品中的颜色被制成了染色面料小样，它们为两套色彩备选方案提供了基础（见右图），随后，调色盘将依此被建立起来。

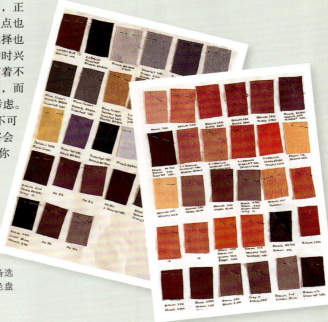

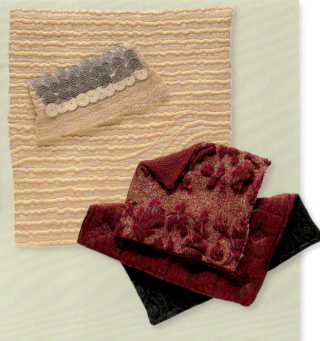

◀ ▲ **协调各分类小组**

搜集各种你所需要的面料小样、装饰物和缝纫线，前提是要确保不同肌理和色彩的分类小组能在一起相互和谐。

可以试着评价一件已经存在的时装如果用截然不同的面料来制作的话会是一种什么样的效果。是什么影响着时装大部分的外观？是硬度、透明度、柔软度、流动感还是褶皱的方向？用绸缎制作牛仔服或者用皮草来制作泳装会是非常不同寻常的设计理念。

在绘制效果图草稿的阶段，你需要仔细考虑你的面料选择。如果先画出服装廓型，然后再去寻找与之相匹配的面料——这样的做法显然是不够的。对于材料的敏感度和对轮廓设计的推进应该是同时发生的，因为时装的面料和轮廓互为彼此，相互影响。

◀ ▲ **使用面料小样**

比较面料小样有助于你看清楚最佳颜色组合以及准确地判断色彩比例。在流行预测的指导下比较你的小样分类——你所选择的颜色是否符合当前的流行趋势？

第十九节　数码印花面料和色彩设计

就像其他设计领域一样，计算机软件可以用来进行纺织品设计，包括印花和图案设计、编织样式设计、肌理质地设计和色彩设计等。色彩设计是指在一块指定的面料上给出多种颜色或印花方案。例如，一块条纹面料上的条纹图案可以被赋予不同的颜色。大的制造商和公司都使用昂贵而特制的专利面料设计软件，尽管如此，对于一般性的设计目的来说，Adobe Photoshop 和 Adobe Illustrator 这两款软件已经足够满足从头设计面料花色或修改现有面料花色的需求了。

用数码技术来创建面料款式的一大优势就是可以选择像潘通色卡（Pantone）这样精确的色彩体系（这是一种得到公认的、基于数学预混合方法得出 CMYK 值的、可产生一致结果的色彩体系）。这些颜色可以被保存在"样品"调色板中并且精确地运用在面料的配色上，从而轻松地制作和复制每次所需的色彩设计方案。例如，Photoshop 中的"吸管"工具就可以采集某个颜色作为样本，并选择新的前景或背景颜色与之相匹配。用数码技术设计面料样式的另一大好处就是，一旦创建了设计，它就可以被应用在各种各样的时装上。相比之下，手绘插图就没有那么方便了——因为每当你要开展一个新的设计时，你都不得不重新画一遍面料的样式。

Marigold　　Taupe　　Slate　　Dusty Blue　　Peri Blue　　Teal

◀焦点
这个图例的特征在于：色彩和图案以一种极具创意的方式被结合在了一起。效果图增加了版式的设计感，将我们的注意力都引向了作为焦点的嫩黄色衬衫。

▶先行于眼睛
这个图例在颜色色板和效果图之间使用了"渐变"技巧。色彩设计建立在微妙的色调和有着明暗变化的互补颜色基础之上，创造了一种观看者的目光随着设计师的牵引而步步深入的感觉。

Byzantine Purple　　Hot Magenta　　Palatinate Blue　　Iceberg Blue　　Pastel Pink　　Lavender

项目

使用 Adobe Photoshop 软件，并且运用一种称为"色彩减少法则"的方法来为同一块面料创建不同的色彩设计方案，即从本质上减少面料上已有的色彩整体数量，同时分别改变剩下的每一种颜色。

目标

● 使用数码软件改变面料的色彩。
● 建立一个和谐的调色板。
● 了解 Adobe Photoshop 的色彩面板，RGB 值和 CMYK 比例。
● 利用"滴管"工具来精确匹配颜色。

过程

1. 研究并创建一个包含五个明暗度的理想中的调色板。

2. 扫描一块至多不超过三种颜色搭配的面料。豹纹图案是一个很好的选择，一个简单的花卉图案也不错。

3. 减少面料上的颜色数量。将图像设置为"索引颜色"模式。进入"图像"菜单，并选择模式＞索引颜色。然后会被提示要求拼合图层，选择"确定"。

4. 设置参数。在"索引颜色"面板中，选择以

下内容：参数＞调色板＞本地（自适应）＞颜色4~6色，选择尽可能少并不失去颜色信息；强制＞无；透明度＞不限；递色＞无。选择"确定"。

5. 改变颜色。进入菜单并选择模式＞颜色列表。在"颜色列表"面板

Dark Moss	Ivory	Light Beige	Coal	Concrete Gray	Forest Gray

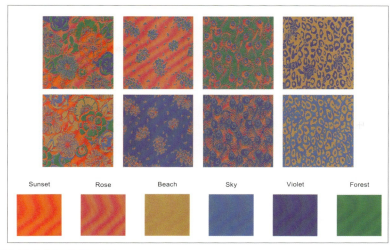

Sunset	Rose	Beach	Sky	Violet	Forest

▲ 建立色彩设计

Adobe Photoshop 在这里被用来为这四款面料创建了不同的色彩设计方案。右边的色彩设计是基于一个更充满活力的调色板，而左边的色彩主题则是以灰度和中性色调作为基础的。

▶ 在图案面料上探知颜色

任何图案面料都可以经由扫描从而建立起色彩设计。在这个豹纹面料上能看到四种可见颜色。在 Adobe Photoshop 中使用"拾色器"面板，找到所需要的颜色，并选择"滴管"工具，将其改成自己想要的色彩。

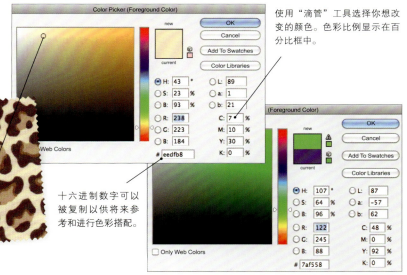

使用"滴管"工具选择你想改变的颜色。色彩比例显示在百分比框中。

十六进制数字可以被复制以供将来参考和进行色彩搭配。

把颜色改成想要的样子（在这个图例中，是由浅棕色变为绿色），并将填充入选定的区域。

上，使用"拾色器"，用你所选择的颜色来改变色板。保持挑选颜色的操作，直到你得到自己需要的色相和明暗度。通过使用调色板，你建立起了一套色彩选择指南的第一步。

6. 在"拾色器"面板中，观察 RGB 值和 CMYK 的 16 进制的颜色数量值。

7. 还原图像。你需要恢复到原始图像模式以恢复分辨率。将图像模式重新改回为 RGB，选择图像＞模式＞RGB。

8. 重复这个过程，在原始调色板基础上总共创建五套不同的色彩设计方案。使用"滴管"工具，来匹配你的调色板上的颜色。

自我审视

- 你有没有准确地进行配色？
- 你有没有尝试在印花图案中采用不同的颜色组合（在你的色彩设计中）？

第十九节 数码印花面料和色彩设计

你可以用不同的色彩模式建立你的数码文件，目前主要有 RGB 和 CMYK 两种模式。RGB 是指当你在一台电脑显示器或网络上查看文件的时候，采用的是红、绿、蓝三色光通道的设置；而 CMYK 模式是指青色、品红色、黄色和黑色四种应用于印刷品的油墨颜色。虽然许多印刷厂也会将 RGB 模式转变成为 CMYK 模式以方便印制，但是为了得到自己心目中最精准的颜色效果，在文件被交付印刷之前，你最好用 Photoshop 把将 RGB 模式转换成为 CMYK 模式（这样就可以看到你的图像将会被印制成什么效果，并且依据自己的需要来进行调节）。具体的操作是：进入菜单 > 图像 > 模式 > 选择 RGB 或 CMYK。

当面料小样经由扫描仪或用一台数码相机拍摄生成数码图像之后，它们会比实际需要呈现出更多的颜色。用像 Photoshop 这样的一款软件程序或许可以减少处理颜色的数量。

▼ 建立无缝数码印花
当一个图形或图案在 Adobe Photoshop 或 Adobe Illustrator 内被设定成为 "以图案模式设计" 时，这些程序就会像铺瓷砖那样将图案不断地进行复制连接，直至铺满整个选取区域或时装区域。所谓的 "无缝印花" 即在时装上连续而均匀地渲染图案，彼此相邻的图案之间没有可见的接缝或边缘线。

使用 Adobe Illustrator 中的 "钢笔" 工具和 "铅笔" 工具，并结合 "填充" 和 "描边" 功能来为你的图案设计选择不同的颜色及透明度。

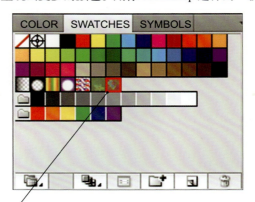

将图形拖至 "样本" 面板中。现在，在任何封闭的路径内都可以渲染这个图形。

建立一个矩形，并选取矩形，点击新建立的 "样本"，然后图形就可以填充满所选的面料小样里了。

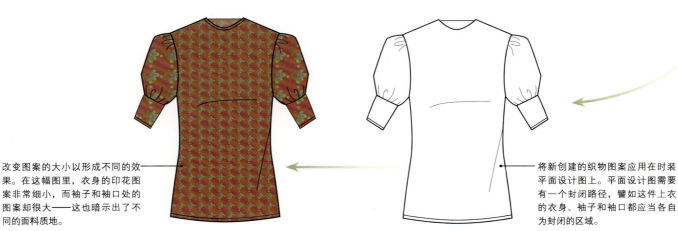

改变图案的大小以形成不同的效果。在这幅图里，衣身的印花图案非常细小，而袖子和袖口处的图案却很大——这也暗示出了不同的面料质地。

将新创建的织物图案应用在时装平面设计图上。平面设计图需要有一个封闭路径，譬如这件上衣的衣身、袖子和袖口都应当各自为封闭的区域。

▶ **尝试**

　　时装可以使用各种各样的矢量图案来进行渲染。使用同样的服装廓型（例如这个简单背心上衣），就可以作为一个模板来进行所有颜色和图案的尝试。

▼ **默认的样本面板**

　　了解如何建立属于自己的图案可以支持你做出独特而新颖的织物设计方案。此外，你还可以在 Adobe Illustrator 的默认"样本"面板上发现各种图案，也可以从网络上下载由其他设计师创建的许多图案样式。

第二十节　调色板

一个调色板里的颜色选择是有限的，它让设计师在设计系列产品时能够确保所有的色彩元素都是在一种可控的前提下相互结合的。为自己制定一套颜色方案是创作过程的重要部分：仅仅通过改变颜色，一件时装或一套时装就可以完全地被改头换面。

在调色板中的颜色越多，你所面临的挑战性也就越多。限制调色板的颜色数量可以确保设计作品具有一种自然的连贯性。一般来说，新手设计师应该避免调色板超过八种颜色。当你再次这么做时，你所选择使用的色彩数量将会成为个人的选择问题，能够体现出你的个人设计风格。

当在创建一个调色板时，很多学生和设计师都会使用由潘通公司推出的可撕式的配色色卡。这些规格整齐划一的色彩小厚册非常便于使用，并且很容易就可以依照某种情绪或者展示板找到相对应的颜色。由于所有的颜色都拥有各自的参考数值，因此在时装工业界里它是受到公认的配色标准体系，当你在和客户、印染商或者制衣商交谈时，你就可以引用它来避免混淆你想要表示的准确的色彩明暗度。

▲ *可视化设计*
　如果可能的话，在为设计方案进行规划时，尽量使用真实的面料小样制成的色板。这将有助于你最精确地感受色彩被组合在一起后的视觉效果。

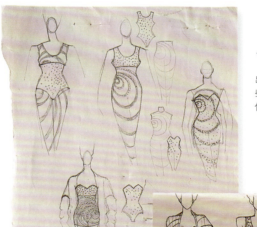

◀▼ *最初的尝试*
　从最初的设想开始，绘制出简单的轮廓草图。然后，这些草图可以被影印多次，以便你在上面尝试各种颜色的组合。

项目

　从你的研究资料和制作的小色签（或使用潘通渐变色卡）中把重要的颜色分离出来并建成一个调色板。然后，当你在设计一个系列作品时，就将此调色板作为重点色彩来源。当草拟设计稿时，尽量在时装或整套服饰上改变色彩的组合方式和比例关系。从系列整体性的角度去评估色彩的平衡性。

然后使用最佳的色彩组合来创作八幅最终的时装效果图。

目标
● 建立一个行之有效的工作调色板。
● 使颜色组合多样化，看看它们是如何影响设计效果的。
● 推出一个最佳色彩平衡的系列作品。

▲ **色彩连贯性**
选出那些效果最佳的设计方案。要确保它们能够作为一个系列而被很好地组合在一起，同时它们也全都要和最初的调色板息息相关。

▲ **玩转比例**
不同的比例和颜色组合可以给相同的设计方案以一个显著的不同外观。要尽可能多地去进行尝试。

过程

你的情绪板会为你的主题建议重要的颜色。用色签的形式将这些颜色分离单列出来，你也可以使用潘通色卡，抑或是由你自己裁切的面料小块、杂志碎片、用笔涂抹的色块，甚至是绕裹在一张硬卡片上的缝纫线或羊毛样品——你可以使用任何东西来表达一个平面的色彩区域，但前提是上面一定不要有任何图案。开始将色签进行分组，但请记住的是，不超过八个颜色的调色板使用起来会更得心应手。

在绘制设计效果图的过程里，坚持使用你的调色板是很重要的。从黑白轮廓线稿开始画起，然后将它们进行影印，最后运用你的调色板里的不同颜色分别为它们上色。

戏剧化的色彩组合会产生令人兴奋的结果，所以要勇于尝试！尝试着用不同的比例来组合这些颜色。一个调色板里的完美色彩组合也会因为错误的比例搭配而被毁于一旦。举例来说，一条有着侧开衩的黑色天鹅绒晚礼服，如果偶尔闪现出内侧红色的里衬，就会显得十分迷人。然而，同一款式的晚礼服如果是由红、黑两色的条纹面料制成，那么就根本谈不上是什么精致而优雅的设计了。

请始终在脑海中记得你的研究成果，并且尝试着在你的设计作品里发展出另一种相似的用法。最后，从你之前的尝试中总结出最佳的色彩组合方案，画出八套时装效果图。

自我审视
● 你是否建立了一个具有针对性和可行性的调色板？
● 在研究资料和最终设计之间，你看到了它们在颜色方面的关联性了吗？

另请参阅
● 创建情绪板，第 28 页。
● 面料创新理念，第 48 页。

第二十节　**调色板**

　　首先建立一个调色板，这样可以确保设计作品的连贯性——就像这些图例所展示的那样。尽管通过使用共同的调色板，时装是被组合在一起作为一个整体的系列产品呈现的，但是通过调整颜色的比例可以给一幅时装效果图带来焕然一新的感觉，时装会被赋予一个个性化的感觉。而更戏剧化的效果则可以通过建立一个全新的调色板来实现。

　　这些效果图可以通过扫描进入电脑程序被重新上色，或者是用新的色彩平衡来取代旧的，也可以重新绘制或影印设计稿并重新上色。改变调色板会改变系列产品的整体外观，例如，同样的图案，可能因为被赋予绿色而呈现出一个盛夏丛林故事；如果被赋予粉色，那则是一个关于春天女性的主题；如果被赋予蓝色和白色，那么就产生航海的感觉。

◀▶判断效果

当彩色面料披挂在人体上时，它看起来或许与当初在面料商店里或在储存架上非常的不同。所以在你打算要开始设计之前，就要将布匹的厚度、是否有光泽以及是否有金属圆片或钉珠这样的装饰物等因素统统考虑在内。

◀▶▼一个主题的演变
　　这些最终的效果图反映出了最初的调色板配色方案，虽然颜色的使用比例已经因每件时装而不同，但终究赋予了每件时装以自身的特征。

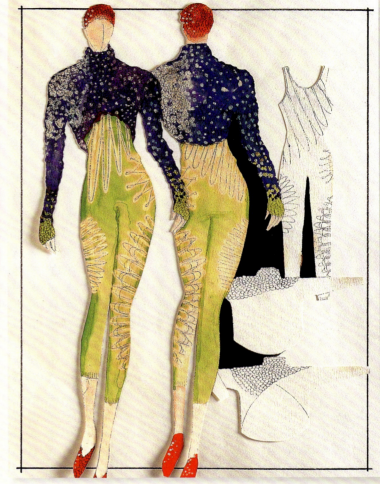

◀打破规则
　　对于一个调色板来说，内在的凝聚力固然是一个必然的基础，但如果增加一个令人惊喜的原色，例如黄色，并将其以出人意料的方式或大胆的渐变形式运用在时装设计上，那么将会创造出戏剧性的结果。

第二十一节 塑造面料

我们已经看到了颜色的选择对于一个项目成果来说是多么的重要。面料也有着类似的功能作用，因此需要经过仔细的考量。在第八节（52~55页）中，我们已经讨论了一种面料的装饰理念是如何成为一个设计作品的焦点的。本小节内容则将着眼于介绍再造面料怎样推进时装的结构变化——无论是通过打褶、悬垂或捆绑的方法进行改造，抑或干脆用钩针编织、针织或者嵌花的方法来创造出全新的面料。当你在做这些的时候，你将会看到面料都有着哪些十分不同的特殊性能和表现。无论你正在设计的是紧身运动衫，还是厚实的针织衫，抑或高性能运动装，你都要学会驾驭面料本身的性能特点。随着信心的增长，你将会从设计过程的初期阶段就想要控制面料的效果。其后，比依靠从商店购买现成面料更好的做法是，你可以自己动手塑造时装面料的用量和形状，当然，你也可以动手改造面料的表面效果和肌理纹样。

无论是建立新的织物样式，还是对现有面料进行塑造以确定时装的厚度和轮廓，服装的结构已经随着面料的塑造而发生了变化。设计师需要了解不

▲ ▶ 参考材料来源
一旦你对设计有一个什么想法，最好的行动就是去研究它。当你在进行面料塑造时，去找一些有关肌理、体感和结构的图像来作为参考资料。

项目

如同把一个情绪板和调色板结合在一起考虑，你可以尝试着通过塑造面料来建立服装的廓型。你可以先用纸样作为进行塑形试验的媒介，然后再考虑如何将这些创意转化到面料上去，也可以考虑借助于一些工艺技巧——例如打褶和立体裁剪，或通过某种方法创建一个全新的面料结构。选择最佳的草图方案，来建立一个能够凸显你的面料塑造创意理念的系列成品。

目标

● 积极地投入面料结构塑造的创作过程。
● 通过发展面料结构塑造来推进你的设计。
● 确保你的面料开发符合时尚的潮流。

过程

通过绘图和摄影的方法收集研究图像，并确定关键的造型和结构。把纸张当成是一块面料，草拟出关于结构设计的想法。不要担心在这个阶段所达到的实际效果，让你的想象力像脱缰的野马般自由驰骋。继续用纸样进行实验，你可以运用胶合、装订、手工和机器缝合、镂空以及嵌花这些技法。请记住，此时的你正在寻找可以支持你制作出时装结构的创新手段。

接下来，你可以开始考虑如何将这些最初的创意转化到面料上。你可以用面料来创建一个系结物。缝合和胶合可以成为建构一件时装成品的手段，或者也可以提供某些缝合方式的思路。多层叠加、形成褶皱或者悬垂面料都是塑造服装体积感的方法。你或许需要考虑到进行立体裁剪（即把纸样按45°的丝缕方向来放置在面料上进行裁剪）是否会影响到结构效果。斜裁的面料比平日里具有更大的悬垂性，如果被使用在一件凸显身材和女性化特征的短裙或连衣裙上，它将紧贴着身体的轮廓。

▲ 将面料用出时尚感
　　密切关注时尚界的面料结构动态是非常重要的。其他的设计师在做些什么？主要的流行趋势是什么？——这样的考量会阻止你过分沉溺于自我的世界。

你甚至可以运用钩针拼补或针织技术来创建一款全新的面料。

　　要多学习其他设计师的作品。所有的这些精彩效果都不应该削弱你的时装的整体性。

　　最后，选择出最佳的草图合并成为一个系列成品，最终的结构设计要体现出你对于面料的尝试性的塑造和变形。

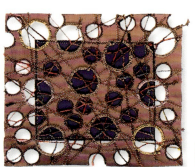

▲◀ 创建一款新面料
　　你可以通过把小碎片拼接在一起的方法来进行面料塑造，从而创建出一款整体的面料设计。你可以在纸上探索这些想法。

自我审视
● 你是否创建了独特而新颖的结构理念？
● 面料的塑造是否反映了你的研究内容？
● 面料是否适合于你的目标客户？

另请参阅
● 面料创新理念，第48页。
● 调色板，第118页。

第二十一节 塑造面料

同面料的自然属性，并据此提出相应的时装设计理念。例如，大件的针织衫可以被设计成某种形状，并且它一定是厚重的和保暖的；而紧身运动衫则会包裹住身体轮廓，精致的天鹅绒面料会悬垂下来形成柔软的衣褶。你可以通过在一个曲线裁缝人台上塑造面料的方法来探索它们的性能。如果面料本身具有复杂的肌理结构——例如华丽的编织图案，那么请务必牢记，时装的廓型就一定要从简以避免整体效果的混乱。

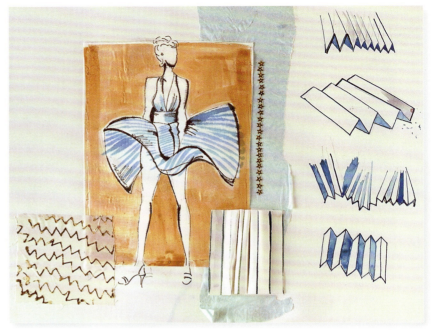

▲ **身体空间**

通过折叠、褶裥和悬垂面料等塑造方法可以让风格相对简单的面料呈现出体积感和形状。从你的发现中选择一些绘制成画稿，以便于自己更好地了解不同面料的性能表现。

 ◀◀ **多层效果**

这件紧身胸衣后侧以不同面料和对比色交织而成的多层结构，为原本有些单调的整体时装增加了体积感和细节。

装饰品

◀▼围绕一个主题的结构设计

这张情绪板图片以文艺复兴时期作为主题。由此产生珠宝色调、金色的刺绣、华丽的装饰和裘皮细节等概念。

▼面料小样

收集面料小样。它们将启迪你的绘画思路，并且带给你的时装以体积感和表面装饰性。

▼收集饰边

这些金银线镶边具有诸多风格款式，但它们总体来说是闪亮的、光滑的、醒目的和沉甸甸的——这些特点都传递出财富和富裕的信息。

4

第四章　　展示你的创意

　　如果不能有效地展示出你的设计，那么最精彩的创意和最具风格化的绘画技巧也将变得毫无价值。本章内容介绍了什么是三维时装。同时你将了解到如何创建具有专业外观的作品演示板，如何为你的作品选择最合适的插图风格并且清晰而准确地展示你的创意，从而产生出最大的影响力。

SANDSTONE   CAVIAR   FAUX CHEVRON

清晰目标及有效地传达

清晰目标并不意味着你必须忽略创造力。根据你的绘画风格，你的作品可能是令人一目了然的，但也有可能会存在有不同的解释。因此，请仔细审视你所完成的画作，判断它们对于一位初见者是否足以传递出清晰的概念。如果结构或轮廓存在争议，那么可以提供技术平面图加以解释说明。

作为一名商业设计师以及团队中的一分子，清楚的沟通是至关重要的，你经常会发现自己需要处理大部分甚至全部的平面设计稿。幸运的是他们可以被很快地完成，稍加练习你就可以精通这些类型的图纸。

平面图可以有多种参考用途，例如，说明性的绘图亦可称之为"规格说明图"，技术性的平面图亦可称之为"技术参数图纸"，以及任何类似这样的术语组合。正如其名所示，它们是绘制精确的、清晰的和易于理解的款式结构平面图，代表了你的设计理念。这些"平面图"是为了生产的目的而建立的。就像建筑规划图一样，它们忠实地反映出或描绘出了一件时装上每一个重要结构的样子。今天，技术性的款式结构平面图一般是先通过手绘创建，然后再进行电脑数据化处理，因此无须提供真实的大小尺寸。只要在图纸上提供准确的结构数据信息，尺寸测量就不总是必需的。必要的设计信息应当包括时装所穿着的场合，而着装人体效果图也要和款式结构图所反映的设计理念相一致。

◀ **保持简洁**
这些时装都以有趣的肌理细节而见长，但或许都超过了时装效果图或工作平面图的表现范畴。展示肌理效果的一个方法就是单独为时装效果图本身增加面料小样。

▶ **表现质感**

　　如图所示，当在表现肌理感十足的面料时，你需要在悉心的描绘与画面整洁之间保持一个平衡。一块展示板可以包含有灵感素材以加强作品系列的情感因素，但要避免在其上过度地展现细节，否则将会变得混乱。

▶ **提供细节**

　　平面技术图有助于清楚地说明时装的结构。它们还可以准确地定位一件时装表面的图案位置以及显示线迹结构。

第二十二节 款式结构图

最终的充满创意的设计系列效果图往往需要有简洁而精确的平面款式结构图来作为支撑。这将允许你艺术性地呈现时装效果图——因为你知道一个表达清晰和精确描述的技术性平面图不会置你的设计于混乱之中。你的款式结构图应当准确地记录下你所设计的时装结构以及所有的细节处理、装饰手法和完成工艺。完成它们会促使你作出这些元素是否需要保留的决策。你会惊奇地发现完成款式结构图的过程其实就是促使你深入设计的过程。

▲▼为了未来而准备

通过练习，你会对绘制清晰而精确的平面"规格说明书"感到得心应手。当你完成时记得要存档保留——因为你可以在以后的项目中再次运用到它们。

▼在家中进行练习

你可以在家中利用自己的衣柜来充分提供练习绘制款式结构图的机会。时装可以被平铺展示，也可以放置在一个人台上，然后据此画出平面图。

项目

观察你家里的衣柜，找出一个含有不同类别的时装系列。把它们整齐地摆放在地板上以便于你可以观察到每一个细节。将这些时装拍摄下来，这样你就可以依据图像开始绘制平面图了。尝试着用精确的平面线条描绘出你所看见的时装结构以及装饰细节。接下来，你可以进一步将你之前所完成的时装效果图来作为绘制款式结构图的练习对象。

目标

- 严格地评估现有时装的结构。
- 练习绘制款式结构图，准确地描述时装的比例、构造和细节。
- 以之前完成的时装效果图作为对象，绘制出精确的款式结构图。
- 作为这一过程的结果，在你的设计中加入更多的细节考虑。

另请参阅
● 时装绘画的实用性，第 140 页。
● 凸现你的绘画天分，第 150 页。

过程

选择一套由你自己设计的时装系列，或者，你甚至可以从慈善商店买回几件时装，然后对它们逐件进行观察以搞清楚其款式结构。挑选不同的类别，绘制出五件时装。

你需要从上方垂直俯视时装，而不是与时装形成一个夹角去进行观察，

因此要把它们铺在地板上而不是摆放在餐桌上。尽可能以简单的形式并且不带折痕地展示它们。要避免把袖子叠放在衣身前，而是将其放在两侧或者自身相叠。把摆放好的时装拍摄下来。这些方法会让绘画过程变得更加简单，并且也有助于你更好地从平面的角度去认识时装。

使用一支黑色细针管笔开始在一张便笺纸上绘画——从你所见开始进行。最初的几张也许会花费最长的时间才能完成。之后，你就可以将一个最初的画稿垫在新的一页下面，作为描绘下一张画稿的基础原型。这将节省你绘制一个系列图纸的

时间，并且能够确保时装比例的相同以及凸显服装轮廓的相似性，这也能确保最终时装效果图中的那些组成部分有内在的系列统一性。请记住，要仔细描绘服装的方方面面，包括比例、缝合细节、装饰物、口袋的位置、领口、袖子、身体的形状，以及正面和背面的效果。你也可以在图纸上用稍粗的黑笔勾勒外轮廓线条以突出服装的廓型。

如果你发现工作很难进行下去，那么就先用铅笔临摹你拍摄的照片，然后再用钢笔沿着铅笔的笔迹描摹轮廓。通过这样的方法，你可以建立起一套图纸，作为其他图纸的基础原型。

最后，请参考你之前所创作的时装效果图，并且为其绘制款式结构图。当你把绘制平面图的工作作为进一步推动设计的基础而重新纳入到创作的过程中时，你会对自己的设计也加深了理解。

◀什么时候需要人体辅助
有时候，像领口这样的细节之处需要通过人体来进行展现，以便明确正确的尺寸和比例。

▶不总是必要的
同样的时装效果图可能就不需要补充额外的款式结构图。如果它们是表达清楚和明确的，那么它们本身就足以传达出你的设计理念。

自我审视
● 你是否选择了一个具有挑战性的时装系列来进行绘画？
● 你是否能够成功地描述它们各个方面的结构和细节设计？
● 向他人展示你的图纸并请他们描述他们所看到的。看看他们的描述和真实的时装是否相称？
● 你的款式结构图是否比创意效果图更能准确地描述你的设计？

第二十二节 **款式结构图**

正如这里所展示的这些款式结构图，它是非常有用的——无论是在展示板上提供细节以避免效果图信息的混乱，还是作为创建过程的一部分代表与现有时装有关的那些基本信息却又并非最初的设计款式。对于一名设计师而言，在作品集里显示出拥有绘制款式结构图的能力是至关重要的，因为这些类型的平面图似乎与商业设计师的关系最为密切。款式结构图应该有效地反映出设计方案的精确结构、比例和装饰，其详尽程度直到能够放心地交付给制板师或样衣师手中，并确保创意能够被准确无误地复制出来。

▲ ▶ *支持创造力*
这些款式结构图所提供的细节信息使得更多的紧身牛仔裤和夹克衫的创意被绘制了出来。

▲ ▶ *重新诠释现有的设计方案*
以时装杂志中的时装成品作为绘制款式结构图的对象，可以激发出相关的系列设计，而不是照搬最初的时装样式。

▼ 规模和比例

设计师并不总是为款式结构图提供具体的测量数据。通常更重要的是在比例大小方面进行确切的表述。

▲ 商业用图纸

工厂所用的产品规格平面图是以生产为目的而绘制的,因此有高度的技术含量和细节信息。

第二十三节 为作品集所准备的时装实物

这个项目将会指导你如何以三维实物的方式来展现你的时装设计。尽管本书并不着力于从技术方面来介绍时装的结构——有关这方面的内容将会另行出版专著；然而，你仍然可以通过拍摄作品的方式来展示你的实体设计成果。如果你已经将你的设计理念转化成为实际的产品实物，那么你就可以练习塑造时装的风格，以让它们可以达到最佳的拍摄效果。

你会发现这个项目是一个提高创造力的绝佳学习体验。了解时装结构的最好方法就是把时装成品进行拆分以后再进行组装。然后，你就会对这些裁片形状、缝合方法及加工工艺变得熟悉起来。在人台上直接用面料进行立体裁剪也是进行服装设计

◄▼捕捉情绪
为成衣所进行的拍摄应当反映出灵感来源的最终表达。

项目

选择一些设计效果图，上面绘有你想要表现的时装形式。把面料围裹在人台上或模特人体上来创建一种关于最终成品时装的印象，并用相机拍摄下来。如果你已经依照你的设计效果图制作出了一些成品时装，那么尝试着一边用不同的风格来塑造它们，一边对它们进行拍摄。

目标

● 在你的作品集中展现真实的时装作品。

● 在一位模特身上或一个人台上为你的设计进行造型训练。

● 通过在一位模特身上或

一个人台上披挂面料或时装的方法来推进设计思路。

过程

首先，通过折叠、打结、拉伸、捆绑或聚集等方法，从改变一块披挂在人台或人体上的织物的长度开始入手。其目的是模仿已经成型的时装样子来观察面料在人体上的性能和状态。布匹可以根据相关的时装形状而被进行裁剪或用大头针固定，但这也可能是不必要的步骤。与此同时，尝试着为你已经制作完成的时装进行风格的塑造和影像拍摄。

当你在工作时，要对新鲜事物报以开放的态

▲▶服装造型
尝试着用不同的方式把织物披挂在人台上并且为其穿着配饰品，如珠宝、帽子和手套等。

◀**团体合作**

　　为什么不和其他同学组合成团队呢？这些照片是由时装专业学生、摄影专业学生和一位年轻模特通力合作的结果。它们将会被这三个专业的学生共同收藏进各自的作品集。

▶**在T型台上**

　　如果你的作品系列参加了毕业季的展示表演，一定要拍摄下你的设计，然后把它们收藏到你的作品集里。

度，因为折叠和装饰的过程或许会激发你开创新的设计解决方案。举例来说，当你根据一幅效果图所示为面料打上褶裥时，你可能会发现这样的折叠恰好在一只袖子上形成了一个扇形，或者臀部之上的面料并不是以你所预期的样子垂挂下来。这些创意点可以作为系列中的一部分应用在其他的时装上面，或者在现有的设计上重新进行思考和夸张处理。

　　用天资来赋予时装风格展现了设计效果图的灵魂所在。尝试用尽可能多地选择来展示你的作品。你可以安排用一位模特，一个人台，一个影棚，或

者地板上的一块区域来进行拍摄，你甚至可以把衣服放在一只狗的身上进行拍摄！用不同的办法来进行试验，直至你用尽你的创意思想。请记住你想要达到的目标，那就是：积极展现你的设计理念。

另请参阅
● 顾客至上，第 104 页。
● 凸显你的绘画天分，第 150 页。

自我审视
● 你所选择的用来制作成衣的效果图样式是过于激进还是过于保守？
● 你是否使用了广泛的方法来为时装创建模型和进行风格塑造？
● 你的照片是否成功地捕捉到了时装的比例和风格？
● 你是否避免了不专业的展示方法？

第二十三节　为作品集所准备的时装实物

的另一种常见方法，这需要密切观察面料在人体上的实际呈现状态（这一步在草图阶段只能依靠想象）。有些设计师非常擅长于这种创作方式，甚至比用纸和笔进行设计更加得心应手。

　　三维时装的照片——无论是穿在真人身上还是穿在人体模型上，都让时装效果图更前进了一步，它让完成的单件设计可以被合并成为一个作品集。就像这里所展示的这些图片一样，不"装腔作势"的照片就是最好的照片。在年度的毕业季 T 型台上，使用摄像机或者仍然通过照相机来捕捉设计作品——因为此时的感觉就如同是参加了一场顶级的时装发布会。如果将布匹随意地披挂在人台上或直接缠绕在人体上进行局部特写拍摄有时会产生绝佳的效果，这比按照某个事先安排好的风格进行摆拍要好得多，因为一旦你的拍摄质量不算上乘，那么会导致你的作品会显得有些业余（另一种观点是可以和专业摄影师进行合作）。使用数码相机可以实现作品的高产，也可以让图像在电脑里做进一步的处理。而进行编辑的过程，可能会导致新的设计理念以及创意表达的诞生。

▲ **单色或彩色**
　　有时运用黑白影像要比彩色影像更能增添时装的优雅感。或者使用色调调整功能来创建出一幅单色的照片。

▲▶ **迷人的照片**
　　在不同的地点拍摄和采取特写镜头与长镜头的混合使用，会为设计的展示增添多样性和趣味性。

▲▶ **放手**
　　和摄影师的成功合作意味着需要在一定程度上放弃对人物肖像的过度控制权，从而让摄影师能够自由地发挥创造力。

▲ 时装秀的魅力

令人兴奋和充满魅力的校园 T 型台会让你的时装呈现出令人惊艳的效果。无论是通过摄影还是摄像进行记录，影像都可以显得非常专业。

◀ 各种角度

像这样的时装背面造型细节，也应该被记录在照片上。

▲ 展示方式的选择

T 型台照片可以作为一个单独的系列图像或与时装效果图进行结合，共同形成一个综合展示板。

展示你的设计

商业时装设计师所从事的是关于视觉传达的工作,有效地展示作品是其全部的重点。你的大脑可能会充满了创新的想法,也可能会产生极其新颖的设计,但这些其实都与你的生意无关,第一印象才是最具价值的东西。当你展示作品时,你需要让你的展示方式看上去尽可能地具有专业性——即组织严密、装裱良好并整洁,同时也要做到精确、清晰和创造性地适用。

你的时装画作品可以贴在展示板上或者插在作品集里进行展示,两者都可以从美术用品商店里购买。展示板有各种尺寸,个人的喜好或者观众的视角将会影响到你的选择——大一些尺寸的展示板或许更适合于展示群组设计。你也可以将时装效果图扫描进入到电脑里,然后用 PowerPoint 软件制作电子演示文件。

使用 A3(16¼ 英寸 × 11¾ 英寸 / 41cm × 30cm)的展示板,并准备尝试其他不同的选择。要避免在作品集里使用不同尺寸的画幅大小,因为视觉的连续性是很重要的。作品必须保持整洁,并确保你的演示文稿对于客户来说是新鲜出炉的和切实可行的。

固定的作品集也是必不可少的,这将有助于你保持艺术作品纯净而专业的外观。考虑准备一些不同尺寸的文件夹来储存作品。塑料活页封套是利于储存和运输的,但是它们有时会有轻微的光泽或眩光,所以你可以考虑将作品取出来后再进行展示。

仔细考虑你所挑选出来的插图的风格,它们一定要符合你的整体展示表达形式。这些考虑最终会让你以一种最积极和成功的方式来展现你的设计作品。例如,童装的风格可以是卡通的和异想天开的,甚至可以伴随有好玩的小道具或小宠物。你的展示中的所有元素都应该是统一的,元素之间具有连续性非常关键。你甚至可以展示你的速写簿,因为这可以让人一睹你的创意思想和潜力,让潜在的老板能够了解到你的工作过程。

◀**携带作品**
使用一个固定的作品集是最安全和最有效的携带作品的方法。建立一个尺寸的作品集以收纳你所有的时装效果图。

▲ 简化原则

　　你不需要往展示板上贴面料小样或结构平面图——有时候让效果图自己"说话"会更加有效。

◀ 和谐

　　把款式结构图画在人体身上可以创造一种更具艺术感的传达形式。一个彩色的背景往往是有效的。在这幅设计图中，就运用蓝色作为主色调和背景呼应色。但是请注意，颜色不能够喧宾夺主地成为整幅效果图的中心。

▶ 进行中的工作

　　速写簿里的构思往往非常生动活泼，而这些感觉却总是会在最终的完成作品里消失殆尽。如果你打算展示你的速写簿作品，那么请确保它是整洁干净的。

第二十四节 **时装绘画的实用原则**

　　如果用不必要的额外之物来修饰设计，会显得你对主体设计思想缺乏信心，因此，无论你是否觉得你的设计需要一个清晰明了的展示还是一个更加详尽的主题化方法，你必须确保剔除任何不利于设计传达的因素。你希望第一眼看到效果图的人就能被你的设计思想所吸引，而不是因为那些环绕在它周围的装饰物。尽管一个更具创意的展示风格可以形成更为强烈的影响力，但是，一个简单的陈述会却隐含了更多的成功机会，而又不会冒犯任何人的品位（详见第二十七节，第 150~153 页）。像边缘这样的装饰部分绝不可以过于夺目，而彩色背景的应用也应该是在能够烘托整体色彩气氛的前提下进行的。如果有益于让展示内容更加清晰明了，可以添加上款式结构图和面料小样，但请记住，作品一定要保持干净和整洁。

　　当你把图片贴到展示板上时，不要使用喷雾式黏合剂，因为这可能会导致呼吸道的损害。干式裱贴是一个更安全的技术，即在效果图的背面衬上一张黏

项目

　　从同一个项目里选择一些你喜欢的时装效果图，把它们放置在一个尺寸为 50cm×75cm（20 英寸×30 英寸）的轻泡沫板或者展示板上。不要担心它是否产生了引人注目的风格；因为本小节的内容只是关于如何通过练习，形成一个组织良好、面貌整洁和沟通有效的作品展示。如果你愿意，像面料小样这样的物件也可以被包括在展示内容中——只要它们不会让展示图片显得混乱不清。你应该抱着能够加强印象的目标来选择和安排你的时装画，因为它们是一个具有凝聚力的系列作品的一部分。

目标

● 把那些有助于加强你的设计影响的物件吸收进来。
● 创建一个专业性的展示板。
● 以某种方式来呈现设计，使它们看起来像一个具有凝聚力的系列作品的一部分。

过程

　　从同一个项目里选择一些设计作品来进行展示。在装裱之前，为了去掉破损的边缘或者令构图更加集中，你可能需要裁

剪它们。可以使用美工刀和尺子或切纸机。用柔软的橡皮擦清除污迹。

　　在不同的媒介中进行时装效果图的再处理，可能会取得更加专业的效果，所以可以考虑进行摄影或影印。你甚至可以把图片扫描到电脑里作进一步的设计处理，然后将结果打印出来。

　　用炭笔或色粉笔绘制的效果图如果没有经过特

▶ ▲ **清晰和统一的陈述**
　　这两幅图中的那些经过深思熟虑的背景色、面料样品展示和效果图都能够帮助我们理解什么是统一的系列感。

▶ **强有力的说明**
　　这种大胆的设计很好地演示了一种自信的、朴素的创作方式——不需要面料小样、款式结构图、边饰或其他的装饰手段。

◀ **重复图案**
　　这些效果图中以图案突出主题的意图超越了人体本身。通过重复一种充满激情的人物动态来强调了系列作品的统一性。

殊处理，画面很快就会被污损。按照罐子上的说明喷洒一种固定剂就可以解决这个问题了。出于健康的考虑，这项工作最好在户外进行。

　　不要在你的时装效果图上签名——除非它们是被当做艺术品来完成的。无论它们本身有多么的出色，你的绘画目的并非止于作品自身，而是一种关于时装创意的商业表达。

　　你可以把你的作品直接粘贴在展示板上或者先在下面裱衬上一层薄纸板。一个（昂贵的）选项是先在展示板上蒙上一层带毛边的手工纸，然后通过直尺的辅助将效果图直

接粘贴在上面。或者，你也可以用一个和效果图的尺寸完全一样的展示板，干脆就不留任何背景空间。不要尝试过于花哨的裱衬方式。有控制地使用展示板有助于形成一个更加明确的展示，但是如果有任何的疑问，那么就保持简单的样式或干脆弃用它们。用彩色的纸加以衬托可以作为设计作品的一个色彩补充，但是要注意，使用的颜色不能夺取人们对于图像本身的关注。

　　你固然不会想让你的展示板上变得过于拥挤，但是，有条理地添加项目内容也不是不可以的，如

面料样品（如果你所起用的织物肌理比较复杂，那么最好是附着一小块面料样品来说明它的细节，而不是试着在效果图上去进行一一的描绘）和款式结构图。

　　在往展示板上粘任何东西之前，你首先要明确你究竟想要有多少幅效果图被包括其中，要安排好它们以及其他的项目内容。不要试图强加太多的信息和堆砌太多的效果图在展示板上，否则你将看不到设计的重点所在。如果你使用了一个以上的展示板，那么你可以通过重复颜色和构成来保持一个内在的统一性。只有当你

对整体的布局感到满意时，才真的可以着手粘贴图片了。最简单的粘贴方式就是运用胶棒和可撕式双面胶。如果你想要重新定位你的图片位置，使用可重复撕贴的胶带是理想的选择。

另请参阅
● 选择一种表现风格，第 144 页。
● 凸显你的绘画天分，第 150 页。

自我审视
● 你的展示板是内容大胆却不过于累赘的吗？
● 你的制作是否整洁而干净？
● 观众能理解你的设计吗？

第二十四节 **时装绘画的实用原则**

合底布，然后通过加热把图片粘贴到展示板上。尽管这是一个辛苦的过程，但比起使用胶棒或双面胶来进行粘贴要更加简单和快捷。

这里的影像特征证明，有效的展示可以是大胆而简单的——只有时装本身，只关注其色彩和轮廓，而不是突出细节部分（例如像复杂的合成面料细节），因为它们很有可能和时装本身一样出色。这在很大程度上取决于个人的品位以及时装的本质：如果一件时装上的兴趣点是在面料，那么着重描绘这一方面的举措就是非常必要的。尽管这里有一定的基本规则，却也适用于每一种展示方式。它们应该被有力地组织在一起（如图所示），立即把观众的注意力引向了核心的创作理念——无论是短上衣，还是整套时装，或者是面料和时装的结合。展示文件应该总是保持干净整洁的，给别人以它们是经过专业制作的印象。多重展示则是指将属于同一时装系列中的不同类别时装在进行展示时，应该通过反复运用色彩、装饰、背景环境和人物的姿态等元素来强化其内在的统一性。

▲ **展现细节**
　　如图所示，款式结构图可以让创意型的时装效果图变得清晰而有条理，它们让设计的细节一览无余。

◀▼ 给画面镶边

　　边界线可以成功地为一幅展示作品添加上清晰的定义。时装效果图可以用细条或宽边来作为外框（如下图所示），但是这类装饰应当是在不削弱设计理念的前提下进行的。如果在一幅图形复杂的设计稿周边再添加边界线似乎有过于累赘之嫌，像图中这样在空白的背景上添加边界线或许会更适合一些。

▼▶ 内容复杂的展板

　　在这里，每一件物品都有助于设计故事的阐述——面料的纹理、时装的风格以及有关的技术细节。如果有需要，也可以包括一些激发灵感材料的面料小样，如图所示，它们并不显突兀，而是有助于情感的抒发。

第二十五节 选择一种表现风格

完成数块作品展示板，每一块都以不同的艺术风格来绘画时装效果图——这将有助于你最大化地呈现出自己作品的多元化特征。本小节旨在帮助你如何选择适合于自己设计的插图风格，这会把你的创意理念发扬光大。你所选择的最终插图风格应该能够同时传达出你的最初灵感并强化设计思想，而不只是着眼于时装本身。例如，如果你有一个像贝壳这样的自然灵感来源，你或许想要在效果图里再现它柔和的颜色和精致的线条。你同时需要考虑到时装本身的特性——既不是狂妄大胆的风格，也不是开放式的画风，适合于它的将是一种更加保守和商业化的设计风格。尝试着对每一个项目都用不同的风格来表现。

通过改变每块展示板的味道，你将会确保建立不同的风格类型来吸引不同范围内的客户。

项目

将激发灵感的研究、情绪板和以往项目的草图收集到一起。考虑什么样的绘画风格才能够适合于最初的主题。然后在你的研究成果和草图的引导下，尝试使用不同的绘画方法。为你的设计提供合适的工艺图、面料小样和色卡。

目的

● 严谨地评估现存时装的结构。

● 用能够体现最好优势的方法来绘制设计图。

● 通过改变你的展示风格来挑战自我。

● 创建展示板，这将使你的作品集会更富有冲击力和多样化。

过程

在一个大的空间里列出你所有选择的元素，包括粗略的想法、研究材料和情绪板。并排放置图片并对比这些设计方案（如果你的作品是在速写簿中，那么为了这个目的，还要去把它复印下来）。考虑用什么方法来绘制（或打算绘制）你最终的效果图。最好的效果图绘制方法会与你需要在设计中显示的每个细节都紧密相关。

如果透明层是一个非常重要的性能，那么这幅时装画可能涉及到微妙的水彩颜色，这一功能提供了一种能够通过自然的面料效果。没有必要标出每个针脚——这个可以在款式结构图中表示出来（见第二十二节，130~133页）——但是你的时装效果图应该表明装饰的比例和位置。

查看你的研究资料，找到描述你的设计效果图的最佳风格。一个温柔的

▲ **第一灵感**

让你的研究结果来指导你究竟选择使用什么样的方法来绘制效果图。一个有效的展示方式可以比精确地描述时装本身能产生更好的效果：因为它概括了一个系列作品的整体情绪。这些贝壳上的精美线条和自然色彩可能会引发一个精细的、雅致的设计风格，或许这种风格用水彩或墨水笔来表现会非常合适。

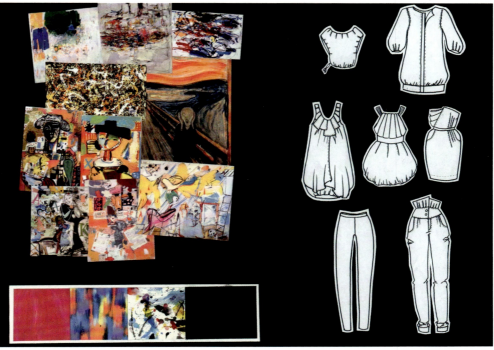

女性主题可能需要一种画意很浓的表现方式，而现代主义题材则可能需要扫描图片至电脑中，然后用绘图软件来进行操作。创造性地去进行思考，为你自己的作品集创建一个多样化的风格展现，让别人看到你的灵活性和适应性。

要清晰地表达你的设计理念（特别是当你的作品偏重于开放性绘画的倾向时），不妨考虑在一旁附上像款式结构图、面料小样或纱线小样、小的灵感来源样本等。不要尝试在展示板上添加太多的信息，否则将会降低陈述的清晰性。

▲集中表现风格

仔细思考你想要表达的情绪。激动人心的设计可以用一个大胆的风格来进行传达，但是更商业化的外观则需要一个更加传统的方式。

▶一个平衡的风格

在你的展示风格中的创意效果和精确地阐释时装的合体性及肌理效果之间，记得要保持平衡。

另请参阅

● 清晰目标及有效地传达，第128页。
● 凸显你的绘画天分，第150页。

自我审视

● 你成功地尝试了用不同的风格来完成效果图和最终的展示品了吗？
● 效果图的风格是否凸显了每一个设计的重点？
● 你在清晰度和创造力之间找到平衡了吗？
● 你为自己的作品集添加了专业的展示了吗？

第二十五节　选择一种表现风格

　　设计师会随着一个项目到另一个项目来改变自己的时装画风格，建立起一个包括不同系列设计的作品集，每幅展示品都讲述了关于设计和风格的不同背景故事。这样的演示方式是多样化的，并且可以保证每个项目都拥有自身的独特个性。效果图可以用钢笔、墨水笔、颜料、拼贴、马克笔或任何物品通过电脑扫描绘制而成——只要是效果图的风格有助于整体主题的体现和设计师视野的传达。

　　创建有效的展示板是一个烦琐而耗时的过程。应该为此留出大量的时间：因为设计师很容易在草图的规划阶段停滞不前，而在最后的制作阶段仓促紧迫——这都会给潜在的客户或雇主留下一个坏的印象。一个好的展示，例如这些效果图，不仅展示了时装的魅力，同时也很容易被人们所理解。其间的指导原则就是"简单"二字。像面料小样、款式结构图和装饰品等物品都可以包括在内，但前提是它们能够使设计理念更加清晰，而不会掩盖时装本身的影响力——因为它们不总是必需品。

▼ ▶ **一个戏剧性的风格**
　　这些最终的展示作品通过轮廓、图案和肌理来传达出一种简约、大胆和奢华的风格。如果换作用平面结构图和面料小样的方法，同样能够达到这一目的。

◀ *避免歧义*

这些充满创意的效果图附有结构图作为技术支持。这两个风格的插图互相依托，给予观者以最大限度的陈述清晰性。

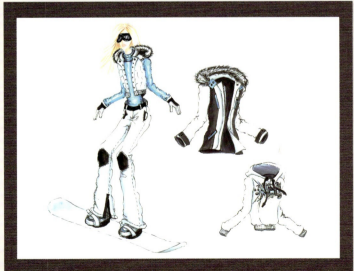

▶ *描绘面料*

如果原始面料的设计是一个重要的特点，那么面料样品应该包括在展示内容中。为了避免服装轮廓在效果图中占绝对主导位置，面料的细节也可以用样品的形式来进行展示，它们既可以出现在同一个展示板的不同区域，也可以出现在其他展示板上。

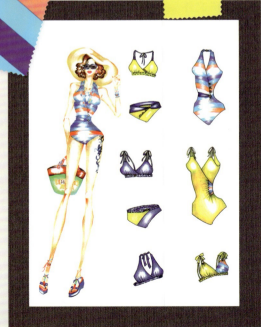

▲ *找到乐趣*

一个运动服系列也许会激发出一种轻松的、无忧无虑的风格，此时要多关注有趣的事物，而不是现实的东西。

第二十六节 数码作品集

通过互联网的作用，你的设计和效果图可以被传输到素昧平生的人面前以及传送到从未到过的地方去。一旦你已经在设计和效果图方面花费了时间精力，并且也做出了一些高质量的作品，那么你就可以创建数码作品集以在各种平台上分享你的作品。请牢记，在某种程度上，你的作品集实际上只是代表了你最差的部分，因为你在其中只是分享了一小部分你最好的、最整洁的和最专业的作品。不要把所有你创作的画稿和设计图放在里面，一定要有选择地进行这一步骤，你要知道，一旦你将资料上传至网络，你将永远无法撤回它们。

有各种途径可以来创建和分享你的数码作品集。在一个有限的或者有选择性的分享过程中，一张商业名片或一组相关的工作样本，抑或你的联系信息都保存在一个 PDF 文件中就足够了。

▲ **主页**
一个多图片的主页会将一家公司的多元化特征概括性地表现出来，也会让浏览者想要看到更多的东西。不要忘记在顶部设置一个简单的菜单栏以提供便捷的兴趣链接。

PDF 文件

你可以收集六幅最佳作品并在 PDF 文件中对它们进行组织，然后可以将其保存在硬盘上。这个数码作品集可以通过电子邮件、便携式驱动器（光盘或闪存）以及电子设备（如 iPhone 和 iPad）来共享。你的作品集中包括的内容将取决于你的商业目的和目标客户。如果你的服务对象是一家男装公司，那么你的作品集应该提供男装设计方案。当你的职业朝前发展时，你将创建多样化的作品集。

在网络上发布作品

为了拥有一个更开放来源的作品集，你可以使用一种多样化的网页储存设置。如果你想要在一个广泛的潜在群体内分享你的作品，你可以创建一个个人网站或者通过各种网络资源来推广你的作品。你可以购买一个域名或建立自己的网站——这当然要付出最高昂的代价。你也可以使用一个基于模板

的网络站点，这些站点往往依附在展示艺术与设计的网站的下面；它们中的一些需要付费注册，但是更多都是免费性质的。在此，特别推荐两个面向时装设计师开放的免费网站：www.styleportfolios.com 和 www.coroflot.com。在这些网站上你不仅可以发布你的作品样本，也可以将它们送至一个广泛的雇主群面前——他们通常是一些经常浏览这些作品集来寻觅好的设计的人。另一个可行方案是有效地利用社交网站和博客网站，如 Facebook 和博客；它们都是免费的，同时可能拥有巨大数量的浏览人群。像 Flickr 和谷歌的 Picasa 这样的照片分享网站也是极好的资源，因为你在这些网站上的网络相册可以被转载到其他相关的站点上，如博客。

重要的考虑因素

无论你的作品集以哪种形式呈现，一致性是你的创造力的重要体现。举例来说，如果你创建了 PDF 格式的作品集，那么就应据此来确保文件的大小和方向的一致性。究竟是全部按照水平方向还

另请参阅
● 创建数码展示板，第 32 页。

是全部按照垂直方向——这取决于你所需要呈现的内容。此外，画作之间尺寸大小是否一致并不十分重要，重要的是艺术／设计作品的背景画布大小要一致。 对于一致性的重视是为了提供一个完整的、没有干扰的视觉流畅感。如果你发布了多种形式的作品集，如名片、光盘以及网站，那么为了识别性和一致性，最好将它们进行统一地协调。

总的来说，记住网站的设计风格应该是简约的，要跳过那些杂乱的页面——你总归不希望客户在看到内容之前就离开了。留下简单易读的联系方式或电子邮件链接，并且用标准化字体显示标题。

▲ *使用你的网络图像*
在设计网页时，考虑一下如何让其中的设计因素被运用到商业名片上去。

商业名片

大多数的商业名片都因为不够突出的原因而遭到人们的忽视。因此，努力创建一张令人印象深刻的名片是值得的。不要在印刷方式或设计投入上太过吝啬。花时间来创建一张有着有趣的色彩、尺寸、质地和创造性标志的名片。尺寸上稍小于传统卡片的名片将会脱颖而出。要使用一个容易阅读的字体。保持简单的风格，只在上面明示你所从事的专业。联系信息是必须要有的——令人惊讶的是有多少人竟然会忘记了这个。请求你的朋友或同事来帮助校对卡片，因为当你专注于设计时，很容易就错过一个错别字。在网络上搜索，查看不同的设计方案，然后锁定最好的印刷方式。不同的加工工艺，如裁剪、特种油墨和雕刻等，都是有趣的选项，你应该在这些方面多加探索。确保卡片小到足以放进钱包而不显得过于复杂。

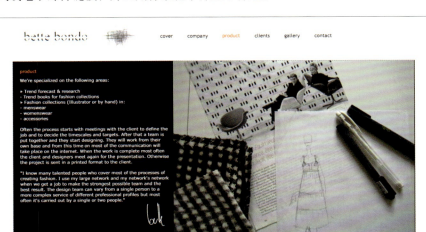

▲ *产品设计*
合适的图像和简约而时尚的设计能够让浏览者清楚公司的专业领域和工作流程。

▶ *画廊*
好的图片和简单的版式为浏览者提供了视觉资讯。点击图片后的快速链接可以带领浏览者进入新的页面，这就让关键的客户了解到产品的优势特点。

第二十七节 凸显你的绘画天分

尽管为了避免形式大于内容而不必过分展示你的作品，但是，这也不妨碍你将自己的展示作品制作得整洁并简约。如果你保持一种小心的平衡，一个创意性的展示将会为你的设计增添印象分。本小节内容旨在最大限度地提升你在展示手法上的创造性——鼓励你不仅仅去思考绘画的风格，还要注重模特的姿态、面料的使用、色彩、字母和装饰品等，要积极探索不同媒介所提供的可能性以及展示板的整体效果。你的目的是将所有的这些方面都集中指向你的展示作品，这将把你的想象力传达给你的同事、老师、老板和客户。

出于展示板不能影响时装设计本身的目的，虽然要严格遵循不采用过分的装饰手段的原则，但是一个精心准备的展示还是会毋庸置疑地加强效

▲ **加强设计**

这些演示板借鉴了20世纪40年代的电影海报风格，突出了迷人的裁剪技艺对于时装设计本身的影响。

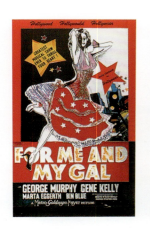 

◀▶ *创造激情*

即便是人体的动态都能够反映出你的灵感来源。"广告女郎"的这些姿势强化了魅惑的主题，为画面带来了一种运动感和欢愉的气氛。

项目

将之前的设计项目中的所有元素集中在一起，它们包括最初的灵感来源、你的研究资料、你的速写簿写生、草图、工艺结构图、最后的插图和任何你可能已经采用的照片。认真考虑材料选择、设计主题的性质以及你的目标受众，以确定最合适的最终展示方法。找出你的设计的关键点，用能够支持并推进你的时装设计理念的方式来呈现它们。

目的

● 创建原始性的展示板以反映你独特的设计风格与手法。

● 通过使用补充表达的方法来加强你的设计思想的影响力。

● 为你的目标受众来调整你的展示作品。

● 在清楚地传达你的理念和创意性地进行展示之间保持一个平衡。

过程

找到一个可以让你平铺大量图片的空间，如大的桌面或者干净的地板。将资料放置在一起，以便你能够一张接一张地看到自己最初的灵感来源、草图和最终的效果图。用批评的眼光审视你自己的工作进展：例如，是什么把你吸引到这个主题上来了？当你参与这个项目时，你如何扩展这个理念？这一主题是否强烈地反映出你的设计思路还是逐步远离了你的起点？你可以从展示作品的确定因素开始入手，如有趣的图案、色彩组合、肌理效果、字体风格、时装风格理念、拍摄手段和纸张类型。

自我审视

● 你的设计理念能够在创意性和清晰表达之间取得平衡吗？
● 你的展示风格有利于添加到你的时装设计中吗？
● 你使用的风格看起来是否足够新颖和现代？
● 你是否考虑到了你的目标受众？

另请参阅

● 时装绘画的实用原则，第140页。
● 选择一种表现风格，第144页。

你要选择通过何种方式来表达你的理念。如果你的作品是因为受到电影明星的启发而带有一种魅力四射的感觉，那么你的绘画也可以借鉴一些精彩的拍摄风格——譬如运用戏剧性的灯光效果或黑白电影的样式。不要盲目地复制已有的风格，无论它们之于你的研究显得多么的真实可信，你也需要将这些灵感元素改造成在现代语境下所适用的样子。

要经常地问问自己，潜在客户是否能够接受你的表现方式。在商业领域运作中的买家可能会摒弃过于戏剧性的展示；然而，一个请你为她设计婚礼服的顾客却又会希望你能够在作品的设计感和风格上都呈现出浪漫的感觉。记住，你要试着在传达你的设计理念和清晰地创建一个赏心悦目的展示之间找到一种平衡。你也应该为你的主题选择一个适合的效果图绘画风格（请参阅第二十五节，144~147页）。请确保你的展示板上的内容没有过于拥挤（一些真实有用的技巧请参阅第二十四节，140~143页）。如果有必要，要优先考虑时装效果图、款式结构图和面料小样的版式排列。

▼ **加强你的理念**

通过对轮廓、面料和款式的选择，加强了这个"广告女郎"主题的戏剧张力。同时，通过相互呼应的色彩和设计元素也强化了展示风格的绘画效果。

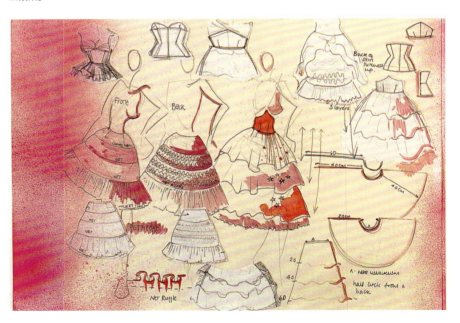

第二十七节 凸显你的绘画天分

果图的表现力。这里的这些多样而迷人的设计展示是建立在世界知名影片和戏剧的灵感基础上的。引人注目的剧照和广告海报风格的运用表明了一个电影明星的主题，效果图令人联想起戏剧装设计，喷漆彩绘和星星图案的使用以及用丝绸塑身内衣、镶有人造钻石的刺绣织物以及羽饰装扮起来的广告女郎都强化了这种戏剧感。玛丽莲·梦露（Marilyn Monroe）的著名的"风吹裙子"的造型被复制成为一个系列作品；在另一幅展示所品中，朱迪·嘉兰（Judy Garland）的红宝石拖鞋也增添了一种诙谐的感觉。如果你在进行设计时感到思想受阻，那么就请回到最初的创作原点。例如，如果你的创意是来源于一个美丽的花园，那么或许把服装平铺在花朵上或悬挂在树枝上进行拍摄会达到理想的效果。只要展示的手法契合于设计的重点，创意思想终归会有它的发挥之处。

▲ ▶ **引发灵感**
这里使用的面料灵感来自于电影《绿野仙踪》。

▶ **摄影**
拍摄你的系列设计中的部分作品可以抓住情绪，加强了设计和绘画风格的华丽感。

► ▼ **重新定义灵感来源**
　　在这些效果图中，玛丽莲·梦露风格的模特姿势绝妙地凸显了电影的主题，让创作理念变得坚实可信。

速写簿

► **呈现一本速写簿**
　　甚至就连这本速写簿的封面都按照设计故事文本进行了装饰美化。

◄ ▼ **详述细节**
　　利用一块展示板的边缘或一本速写簿的封面位置，面料、装饰物和其他细节可以被进行彻底地展示——只要它们不偏离设计的初衷。

时尚资讯（Fashion resources）

Courses in fashion design

The following list comprises only a very small selection of the many colleges and universities worldwide with departments of fashion design. Whether you are looking for an evening class or for full-time study in an undergraduate or postgraduate program, the huge variety of options available should mean that you have no problem in finding the course that's right for you.

AUSTRALIA

Royal Melbourne Institute of Technology
G.P.O. Box 2476
Melbourne
Victoria 3001
t.: (+61) 3 9925 2000
www.rmit.edu.au

CANADA

Academy of Arts and Design
2nd floor, 7305 Marie Victorin
Brossard
Quebec J4W 1A6
t.: (+1) 514 875 9777
www.aadmtl.com

Montreal Superior Fashion School
LaSalle College
2000 Ste-Catherine St. W.
Montreal
Quebec H3H 2T2
t.: (+1) 514 939 2006
www.lasallecollege.com

DENMARK

Copenhagen Academy of Fashion Design
Nørrebrogade 45, 1. sal
2200 Copenhagen N.
t.: (+45) 33 328 810
www.modeogdesignskolen.dk

FRANCE

Creapole
128 rue de Rivoli
75001 Paris
t.: (+33) 1 4488 2020
www.creapole.fr

Esmod/Isem Paris
12 rue de la Rochefoucauld
75009 Paris
t.: (+33) 1 4483 8150
www.esmod.com

Parsons Paris
14 rue Letellier
75015 Paris
t.: (+33) 1 4577 3966
www.parsons-paris.pair.com

ITALY

Domus Academy
Via G. Watt 27
20143 Milano
t.: (+39) 2 4241 4001
www.domusacademy.it

Polimoda
Via Pisana 77
50143 Florence
t.: (+39) 55 739 961
www.polimoda.com

NETHERLANDS

Amsterdam Fashion Institute
Amstelgebouw
Mauritskade 11
1091 GC Amsterdam
t.: (+31) 20 525 67 77
www.international.hva.nl/schools/school-of-design-and-communication

SPAIN

Institucion Artistica de Enseñanza
c. Claudio Coello 48
28001 Madrid
t.: (+34) 91 577 17 28
www.iade.es

UNITED KINGDOM

University of Brighton
Mithras House
Lewes Road
Brighton BN2 4AT
t.: (+44) (0)1273 600 900
www.brighton.ac.uk

Central St. Martin's College of Art and Design
Southampton Row
London WC1B 4AP
t.: (+44) (0)20 7514 7022
www.csm.linst.ac.uk

De Montfort University
The Gateway
Leicester LE1 9BH
t.: (+44) (0)116 255 1551
www.dmu.ac.uk

Kingston University
River House
53–57 High Street
Kingston upon Thames
Surrey KT1 1LQ
t.: (+44) (0)20 8417 9000
www.kingston.ac.uk

University of Lincoln
Admissions & Customer Services
Brayford Pool
Lincoln LN6 7TS
t.: (+44) (0)1522 882 000
www.lincoln.ac.uk

London College of Fashion
20 John Princes Street
London W1G 0BJ
t.: (+44) (0)20 7514 7400
www.lcf.linst.ac.uk

University of the Arts London
272 High Holborn
London WC1V 7EY
t.: (+44) (0)20 7514 6000
www.linst.ac.uk

University of Manchester
Oxford Road
Manchester M13 9PL
t.: (+44) (0)16 1306 6000
www.manchester.ac.uk

Nottingham Trent University
Burton Street
Nottingham NG1 4BU
t.: (+44) (0)115 941 8418
www.ntu.ac.uk

Ravensbourne
6 Penrose Way
London SE10 0EW
t.: (+44) (0)20 3040 3500
www.rave.ac.uk

Royal College of Art
Kensington Gore
London SW7 2EU
t.: (+44) (0)20 7590 4444
www.rca.ac.uk

University for the Creative Arts at Farnham
Falkner Road
Farnham
Surrey GU9 7DS
t.: (+44) (0)1252 722 441
www.ucreative.ac.uk

UNITED STATES

American InterContinental University (Buckhead)
3330 Peachtree Road N.E.
Atlanta, GA 30326
t.: (+1) 800 955 2120
www.aiuniv.edu/Atlanta/

American InterContinental University (Los Angeles)
12655 W. Jefferson Blvd
Los Angeles, CA 90066
t.: (+1) 888 594 9888
www.la.aiuniv.edu

Cornell University
Campus Information and Visitor Relations
Day Hall Lobby
Cornell University
Ithaca, NY 14853
www.cornell.edu

Fashion Careers of California College
1923 Morena Blvd
San Diego, CA 92110
t.: (+1) 619 275 4700
www.fashioncareerscollege.com

Fashion Institute of Design & Merchandising (FIDM) (Los Angeles)
919 S. Grand Avenue
Los Angeles, CA 90015-1421
t.: (+1) 800 624 1200
www.fidm.com

Fashion Institute of Design & Merchandising (FIDM) (San Diego)
350 Tenth Avenue, 3rd Floor
San Diego, CA 92101
t.: (+1) 619 235 2049
www.fidm.com

Fashion Institute of Design & Merchandising (FIDM) (San Francisco)
55 Stockton Street
San Francisco, CA 94108-5829
t.: (+1) 415 675 5200
www.fidm.com

Fashion Institute of Design and Merchandising (Orange County)
17590 Gillette Avenue

Irvine, CA 92614-5610
t.: (+1) 949 851 6200
www.fidm.com

Fashion Institute of Technology
Seventh Avenue at 27th Street
New York, NY 10001-5992
t.: (+1) 212 217 7999
www.fitnyc.edu

International Academy of Design and Technology (Chicago)
1 North State Street, Suite 400
Chicago, IL 60602
t.: (+1) 312 980 9200
www.iadt.edu/Chicago

International Academy of Design and Technology (Tampa)
5104 Eisenhower Blvd
Tampa, FL 33634
t.: (+1) 813 699 5206
www.iadt.edu/Tampa

Parsons The New School for Design
66 Fifth Avenue
New York, NY 10011
t.: (+1) 212 229 8900
www.parsons.edu

School of Fashion Design
136 Newbury Street
Boston, MA 02116
t.: (+1) 617 536 9343
www.schooloffashiondesign.org

College of Visual Arts and Design
1155 Union Circle #305100
Denton, TX, 76203-5017
t.: (+1) 940 565 2855
www.art.unt.edu

Fashion designers online

If you are stuck for inspiration or want to bring yourself up to date on forthcoming trends, why not check out the web sites belonging to the top fashion designers? Here are just some of the good sites:

术语表（Glossary）

"all-ways" print A print with motifs that are not aligned in any one particular direction: the fabric will work in the same way whichever way up it is.

art deco A design style, popular between the two World Wars, that was characterized by simplicity, bold outlines, geometrical order, and the use of new materials such as plastic.

bias cutting Cutting fabric with the pattern pieces placed at a 45-degree angle to the selvages and the grain.

brief The client's, employer's, or tutor's instructions to a designer, setting the parameters of a design project.

clip-art images Copyright-free images available through the Internet.

collage An image created by sticking items (such as paper cuttings or pieces of cloth) to a surface. From the French coller ("to glue").

collection The group of garments produced each season by a designer. Usually these items have certain features in common, such as color, shape, and pattern.

color palette A limited selection of colors used by a designer when creating a collection to ensure a cohesive color scheme.

color theming Giving the items in a collection a common identity through the repeated use of certain colors.

colorway The choice of colors used in an individual piece. Changing the colorway can alter the look of a garment dramatically.

cropping Trimming an illustration to alter the focus of the composition or to remove tattered edges.

customer profile Information about the lifestyle of the target customer—such as age, economic status, and occupation—that guides a designer in creating commercially viable collections.

dry-mounting Placing adhesive backing onto an illustration and then heating in order to adhere it to a board.

grain The fabric grain is the direction of the woven fibers, either lengthwise or crosswise. Most dressmaking pieces are cut on the lengthwise grain, which has minimal stretch; when bias cutting, pieces are placed diagonally to the grain.

layout The composition of the illustration on the page. A bold layout, which fills the page and makes the design statement with confidence, is often the most successful approach.

mixed media A combination of different media within the same image. Possible media include color pencils, oil pastels, crayons, gouache, watercolor paints, pen and ink, or even a computer or photocopier.

mood board A board displaying inspirational research, current fashion images, fabric swatches, and color palettes. It should encapsulate the most important themes from the research and act as a focus during the creation of the designs.

"negative space" Part of the illustration left deliberately blank so that viewers, who might have expected these areas to be filled in, will read the invisible lines through the white space.

"one-way" print A print where the motifs are aligned in one direction. More expensive to use for making garments than "all-ways" prints because extra fabric is required to align the print correctly.

Pantone color chips Individually numbered shades, supplied in color reference books. The numbered shades are recognized throughout the international fashion industry.

portfolio A case used for storing, transporting, and displaying illustrations.

presentation board A light foam board available in various sizes from art supply stores. Used for presenting work to tutors, employers, and clients.

range Used interchangeably with "collection" to describe the group of garments produced each season by a designer. "Range" has also more specifically commercial overtones, indicating a selection of coordinating garments that offers maximum choice to the customer within the parameters of the range.

roughs The quick, unconstrained sketches that a designer uses to "think out loud on paper," developing a research idea into a range of designs.

silhouette The outline shape of a complete ensemble.

target customer The person who is likely to wear the designs produced for each project. A designer should construct a profile of the target customer in order to ensure that the garments are commercially focused.

target market The range of target customers that a retailer aims to satisfy.

working drawing The representation of a garment as it would look laid out flat rather than drawn on a figure. Used to convey precise information about the construction, trims, finishes, and any other details of the pieces. Also known as "flats," or technical or specification drawings.

索引（Index）

作品名单（Credits）

Quarto would like to thank the following for supplying images for inclusion in this book:

Alice Lam p.1, 11, 139b, 140, 145
Rachel Lerro www.rachellerro.com p.2, 96b, 110
Christine Lynch p.4, 5;
Nanae Taka p.6, 7, 70, 71
Jemi p.16, 17, 19, 21, 26br, 51, 52, 54, 55, 56, 58, 60, 61, 62, 63, 64, 65, 66, 82, 83, 85tr, 86–87 (fabric swatch illustrations), 88, 89, 100, 101, 103tr/br, 125, 129b, 146bl/br
Photography Lorrie Ivas, p.16, 17, 86, 87
Timothy Lee p.23, 24, 25
Caroline Tatham p.27tc, 29, 30, 31, 46br, 48, 49, 92tr,b, 93l, 94, 95, 96bl, 97, 99, 104, 105, 106, 107, 112, 113, 118, 119, 120, 121, 123, 130, 131, 132bl,bc, 133, 134, 135, 136, 137, 143, 144
Wynn Armstrong p.32–33 (digital images), 35tl, 78–79 (digital collage), 125 (digital trend board);
Model Tanya Clarke p. 32, 33
James Warner p.34tr
Angela Chuy p.34b
Freida Lindstrom p.36tr
Nicole O'Malley www.nicoleomalley. com p.36bl, 59
Medha Khosla (front cover) p.37, 127
Sherina Dalarmal p.40, 41
Gamma/Simon-Stevens p.42t
Julian Seaman p.44, 45, 67, 77
Bridgeman p.52tr
Wikipedia p.53tl
Christine Mayes p.68
Casey Kresler p.69bl,c,r
Tara Al-Wali www.taraalwali.com p.75, 132tl,r
Clara Yoo (Parsons) p. 85
Getty Images p.91
Eri Wakiyama http://eithemermaid. blogspot. com p.111
Lan Nyguen p.108br, 111l
Tawana Walker p.117t

Holly Marler p.124, 150, 151, 152, 153
Tracy Turnbull p.137
Oksana Nedavniaya p.138tr, 146r
Josephine Brase www.brasedesign. com p.138
Chi Hu p.139t,b
Schuyler Hames p.139tr, 142
Julie McMurry p.141, 147bl
Joyce Iacoviello p.147t
Hyunju Park (Ck) p.147br
Bette Bondo www.bettebondo.com p.148,149

All step-by-step and other images are the copyright of Quarto Publishing plc. While every effort has been made to credit contributors, Quarto would like to apologize should there have been any omissions or errors—and would be pleased to make the appropriate correction for future editions of the book.